ワニは水中で獲物を捕まえられるが、のみ込むときは必ず水面から顔を出す（Bernard Seah 氏撮影）。

湿地帯や川に棲むワニの観察や調査はおもに小型船に乗っておこなわれる（Jang Namchul 氏撮影）。

ワニは口を閉じると、下の前歯が上あごに開いた穴を突き抜けて、歯の先端が見える。この穴は子どものころにはない。

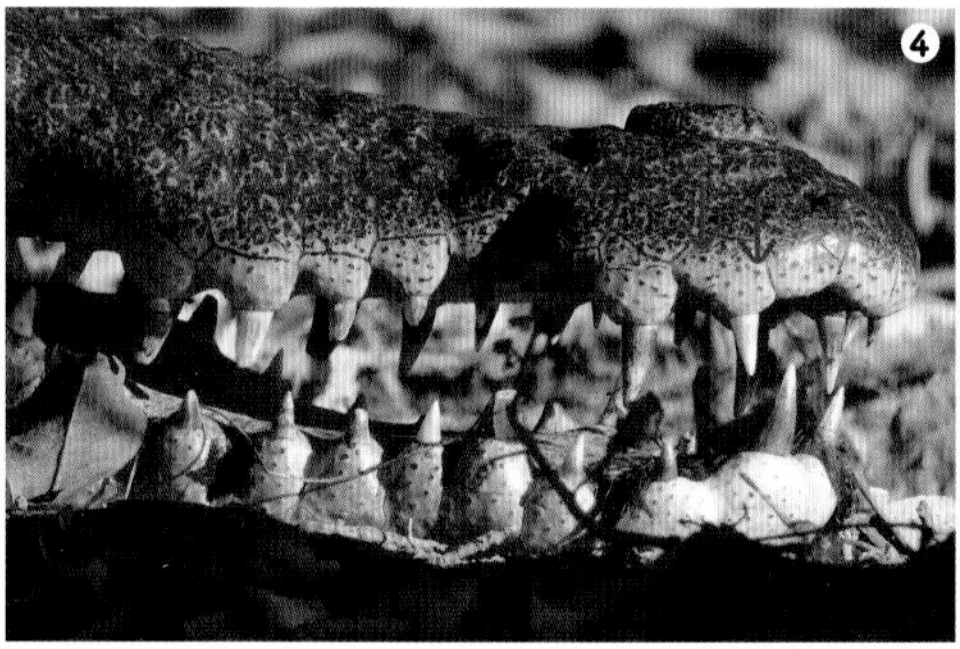

ワニの口の周りにある小さな点々は外皮感覚器と呼ばれ、非常に鋭敏な触覚を持つ。

上あごの骨をひっくり返し、前から3番目の折れた歯の歯根を取り出す。一番前の歯は小さいが、4番目は太く長い。

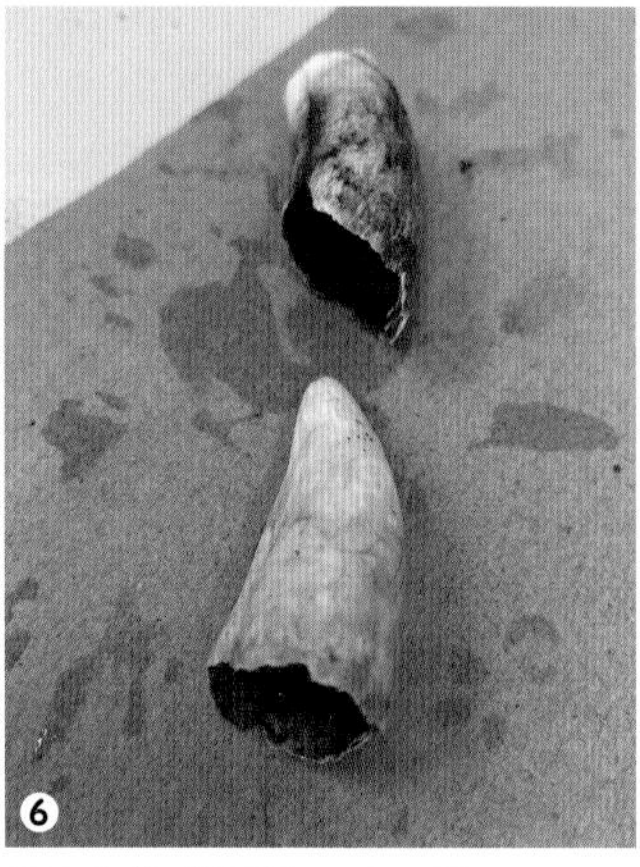

折れた歯（歯根）の中に残っていた、次に生え替わる新しい歯。

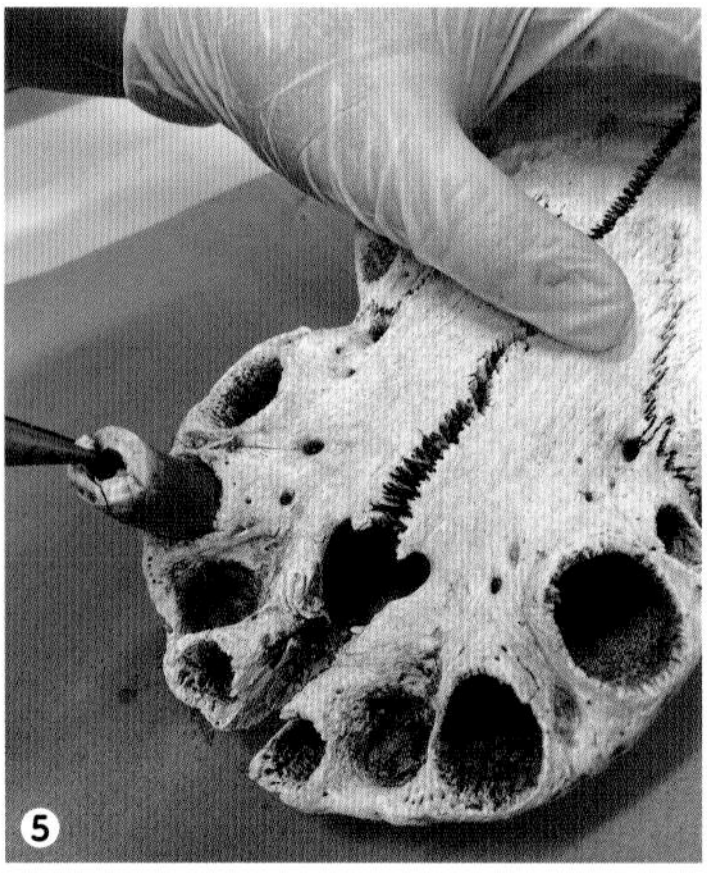

両肩で流木をかつぐようにして泳ぐイリエワニ。その姿はまるで浮き輪で遊んでいる子どものよう。

平均的な最大全長に届いたと思われるオスのイリエワニ（約4.5m）。

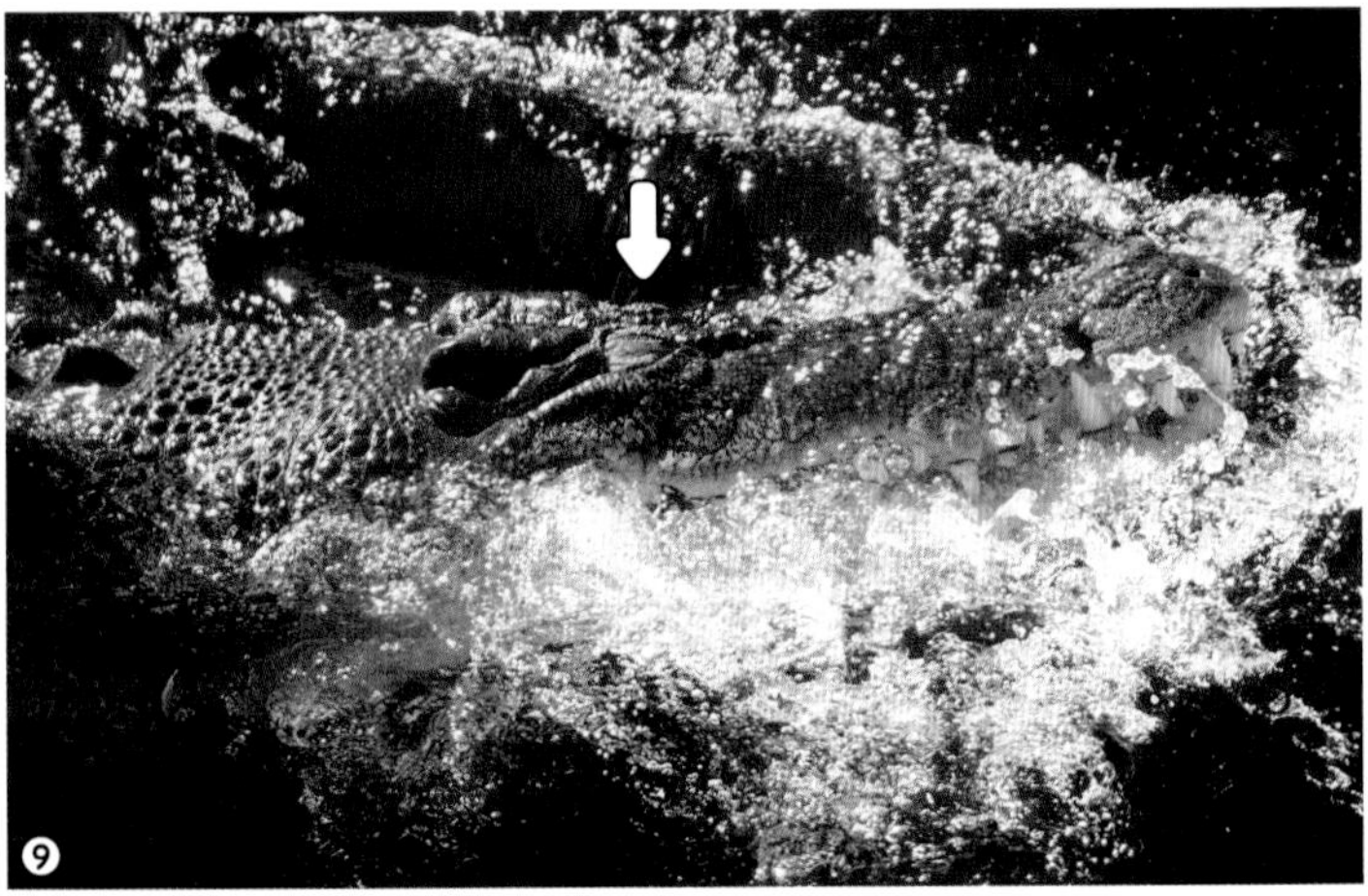

ワニは獲物や敵に噛みつくときは、眼球を守るために目を閉じている。

暗い夜間は瞳孔が丸く開いていて、ライトを照らすとピンク色に反射する。

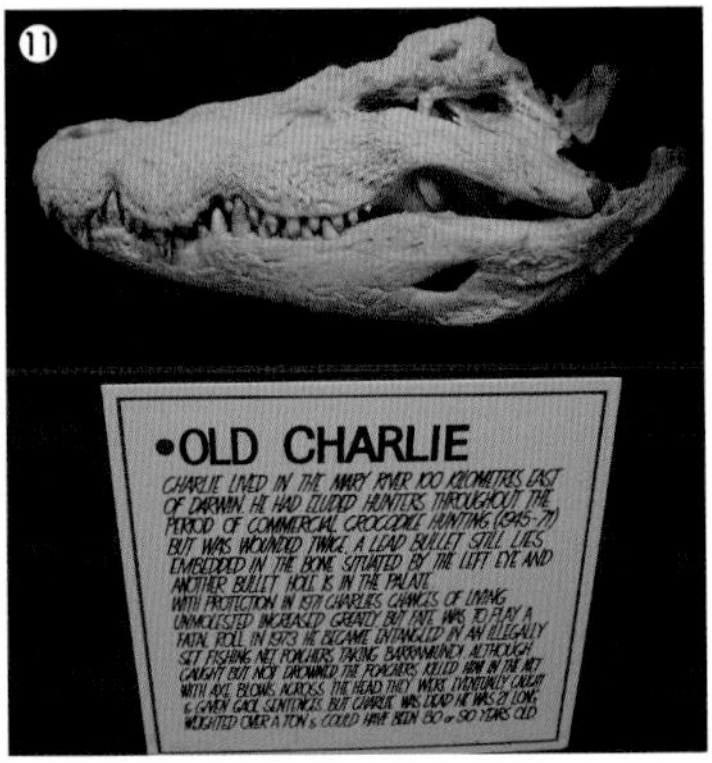

オーストラリア・ダーウィンのワニ園に展示されている巨大イリエワニの頭蓋骨。オールド・チャーリーと名付けられ、全長は6.15mあったと言われる。

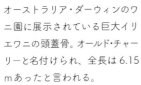

もしも人食いワニに噛《か》まれたら！

最前線の研究者が語る、
動物界最強ハンターの秘密

福田雄介

青春出版社

はじめに

この本を手に取ってくれたみなさんは、ワニに対して、どのようなイメージを持っているでしょうか。

ワニといえば、大きな口とたくさんの尖《とが》った歯で噛《か》みついて何でも食べてしまう、「危険」で「どう猛」な生き物という先入観を持っている人は多いと思います。

そのイメージは、半分当たりで、半分はずれです。

ワニの中には、おとなでも全長1メートルほどで、おもに魚や虫、小さなエビやカエルなどしか食べないおとなしい種もいます。

その一方で、体重500キロを超える水牛を倒して食べてしまうような、大きくて気の荒い種もいます。

そのような気性の激しい種のワニであれば、やはり人間も食べてしまうのでしょうか。実際にワニに襲われる人は、世界でどのくらいいると思いますか。

実際にワニに襲われた時、どんな方法であれば助かることができるでしょうか。

もしあなたがオリンピックの金メダル選手並みの速さで泳げるとしたら、ワニから逃げることができるでしょうか。

陸上を走って逃げる場合はどうでしょう。さらに、高い所にのぼれば、安心だと思いますか。でも、ワニは木やフェンスにものぼれるという話もあります。それは本当でしょうか。


本書では、過去20年間、私がオーストラリアでワニの研究をしながら得たいくばくかの知識と経験をもとに、これらの疑問に答えていきたいと思います。

ワニは「危険」で「怖い」だけではなく、じつはほかのどの動物とも違う個性があります。特別製の心臓や、薬剤に耐性《たいせい》を持ったバクテリアまで殺してしまう免疫を持っていたり、好奇心旺盛《こうきしんおうせい》で遊ぶのが好きな上、行ったことのない場所からでも伝書鳩のようにちゃんと帰ってこられたりします。じつに、魅力あふれる不思議な動物なのです。

その驚くべき生態や体のしくみについては、現在でも解明されていないことが多々ありますが、最新の研究結果をもとに、できるだけわかりやすくみなさんに紹介したいと思います。

この本をきっかけに、ワニへの興味を少しでも深めてもらえたならば幸いです。

ワニ研究者　福田雄介

ワニの世界

まずは種類と特徴を押さえよう！

現在、世界には25種のワニがいます。以前までは23種とされていましたが、近年、アフリカクチナガワニとナイルワニからそれぞれ新しい種が国際専門団体や学会に認められ、25種となりました。

さらに新しい種に分かれると思われる種が複数いるため、今後もワニの種の数は増えていくといわれています。

これらの現25種はアリゲーター科、クロコダイル科、ガビアル科という3つの大きなグループに分かれていますが、それぞれが違う生態や分布、特徴を持っています。

日本語ではこれらすべてのグループをひとまとめにして「ワニ」と呼びますが、英語ではそれぞれ「Alligator」や「Crocodile」「Gharial」などと使い分けるのが一般的です。すべてのワニ類をひとくくりにした言葉では「Crocodilian」というものがありますが、専門家や研究者以外はあまり使いません。

現生ワニ類、3つの科はそれぞれが分かれてから1億年前後経っているといわれていますが、外見上はそれほど大きな違いがあるわけではありません。同じ科でも種により形態はさまざまなので一概にはいえませんが、基本的にはワニの頭の上から見た形と口吻《こうふん》の形の違いで種を見分けることができます。

では、それぞれの科の特徴を紹介しましょう。

アリゲーター科

4属8種いるが、中国に生息するヨウスコウワニ（*Alligator sinensis*）をのぞいて、アリゲーター科に属するすべての種が中南米を中心にアメリカ大陸に分布。代表的なものではアメリカ合衆国の固有種であるミシシッピワニ（*Alligator mississippiensis*）、日本でも多くの個体がペットとして飼われているメガネカイマン（*Caiman crocodilus*）やコビトカイマン（*Paleosuchus palpebrosus*）などがいる。

これらの名前はすべて一般名で、たとえば「ミシシッピワニ」は人によっては「アメリカアリゲーター」や単に「アリゲーター」と呼ばれることもある。同じ科でも、一般的な最大全長が1メートルあまりの小型種から4メートルを超すものまで大小さまざまな種が存在。特にアマゾン川流域に生息するクロカイマン（*Melanosuchus niger*）は、まれに全長が5メートルに達する個体もおり、アリゲーター科最大といわれている。寒さが苦手なワニの中でも、ミシシッピワニとヨウスコウワニは寒冷な気候への耐性があり、寒い冬を乗り越えることができるが、一年中寒い地域に棲むことはできず、夏や雨季にはちゃんと暑くなる気候が必要。

アリゲーター科の種

- アメリカアリゲーター（ミシシッピワニ）
  Alligator mississippiensis
- ヨウスコウアリゲーター（ヨウスコウワニ）
  Alligator sinensis
- メガネカイマン
  Caiman crocodilus
- クチヒロカイマン
  Caiman latirostris
- パラグアイカイマン
  Caiman yacare
- クロカイマン
  Melanosuchus niger
- キュビエムカシカイマン（コビトカイマン）
  Paleosuchus palpebrosus
- シュナイダームカシカイマン（ブラジルカイマン）
  Paleosuchus trigonatus

頭を上から見ると

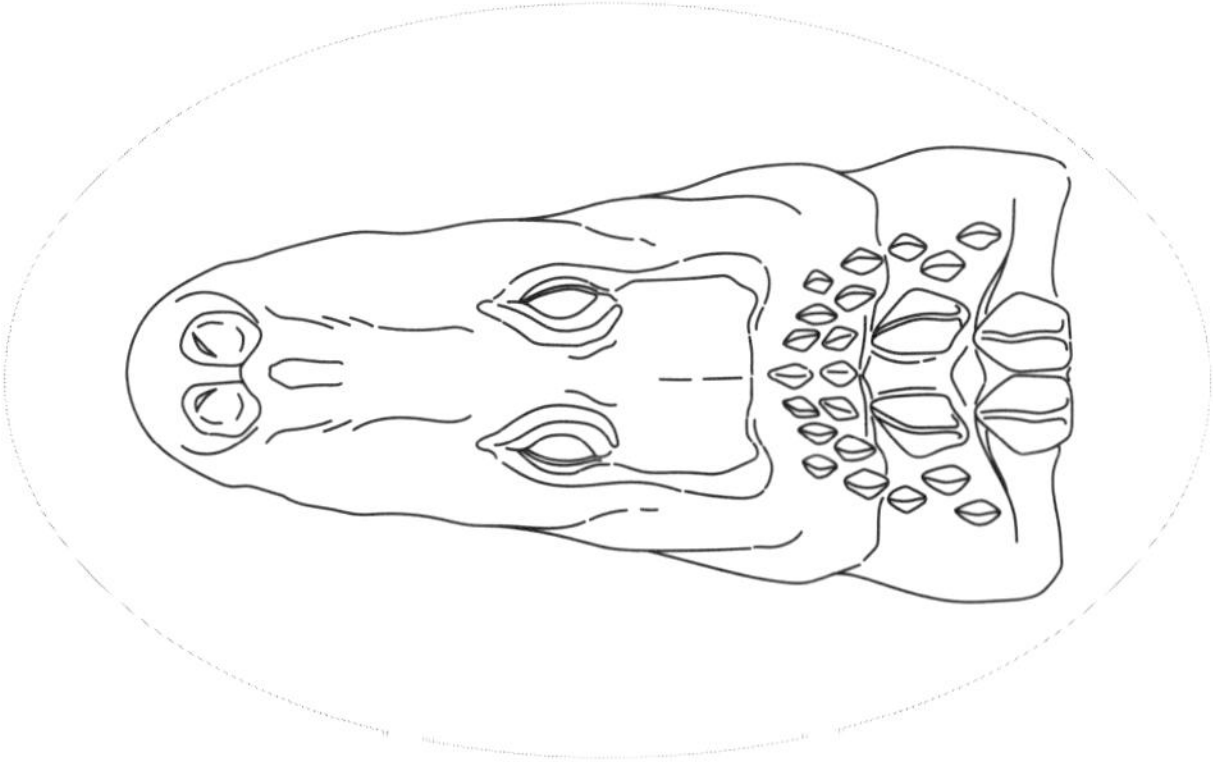

口吻の幅が比較的広く、先端も丸いU字の形。

顔を横から見ると

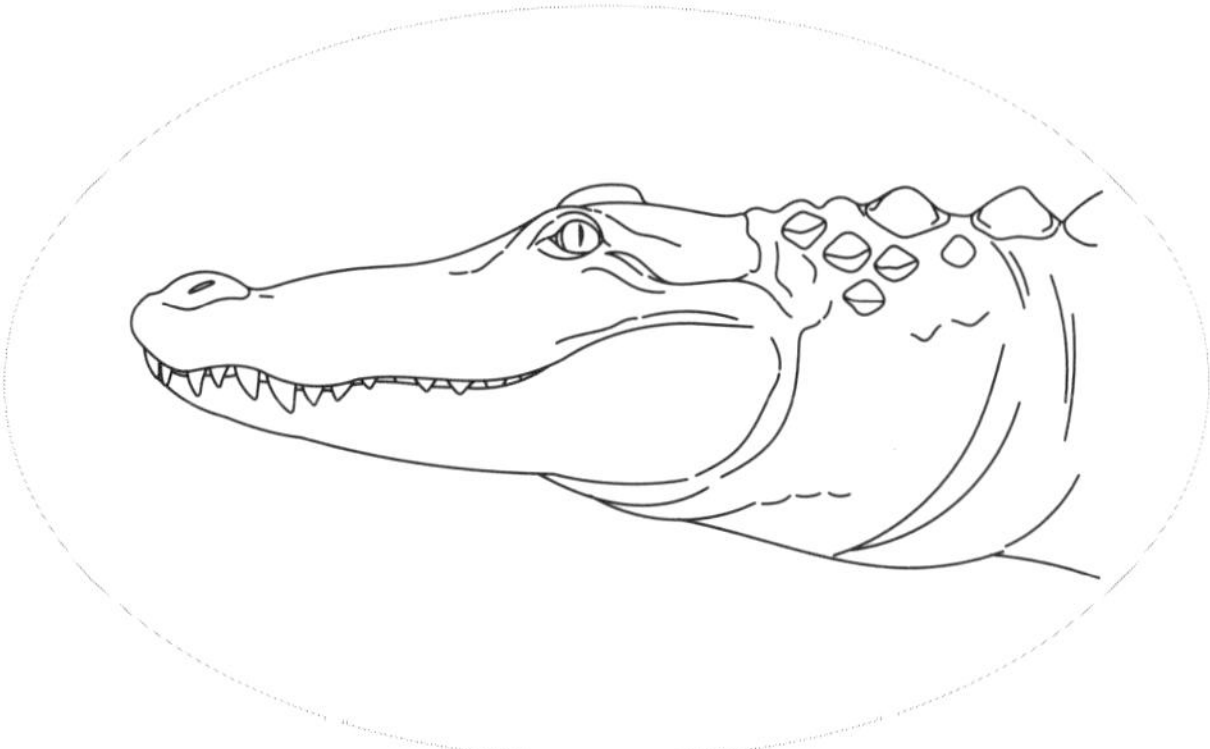

口を閉じると、下あごの歯は上あごの内側にすべて収まるので、
上あごから生えている歯しか見えない。

クロコダイル科

3属15種が存在し、全長1.5メートルほどの小型種から現生ワニ類最大級といわれるイリエワニ（*Crocodylus porosus*）やナイルワニ（*Crocodylus niloticus*）（ともに平均最大全長4.5メートル超）まで大小さまざま。ワニはどの科でも大多数の個体の成長が止まる最大全長は種によって決まっているが、まれに例外的に超大型化する個体もいて、イリエワニでは全長が6メートルを超えて､近年ギネスブックに載ったという記録もある(第4章参照)。クロコダイル科の種はアメリカ大陸にアフリカ大陸、さらにアジアとオセアニアと世界中の熱帯・亜熱帯域に生息。ニシアフリカコビトワニ（*Osteolaemus tetraspis*）など小型でおとなしい種もいるが、基本的に気性が荒く、「人食いワニ」と恐れられている種もいくつか存在する（第1章参照）。

クロコダイル科の種

- **アメリカワニ**
  Crocodylus acutus
- **モレレットワニ**
  Crocodylus moreletii
- **キューバワニ**
  Crocodylus rhombifer
- **オリノコワニ**
  Crocodylus intermedius
- **ナイルワニ**
  Crocodylus niloticus
- **セベクワニ＊（ニシアフリカワニ）**
  Crocodylus suchus
- **ニューギニアワニ**
  Crocodylus novaeguineae
- **ヌマワニ**
  Crocodylus palustris
- **イリエワニ**
  Crocodylus porosus
- **ジョンストンワニ**
  Crocodylus jonstoni
- **シャムワニ**
  Crocodylus siamensis
- **フィリピンワニ**
  Crocodylus mindorensis
- **アフリカクチナガワニ**
  Mecistops cataphractus
- **フクスクチナガワニ＊（チュウオウアフリカクチナガワニ）**
  Mecistops leptorhynchus
- **ニシアフリカコビトワニ**
  Osteolaemus tetraspis

＊青木良輔氏　命名

頭を上から見ると

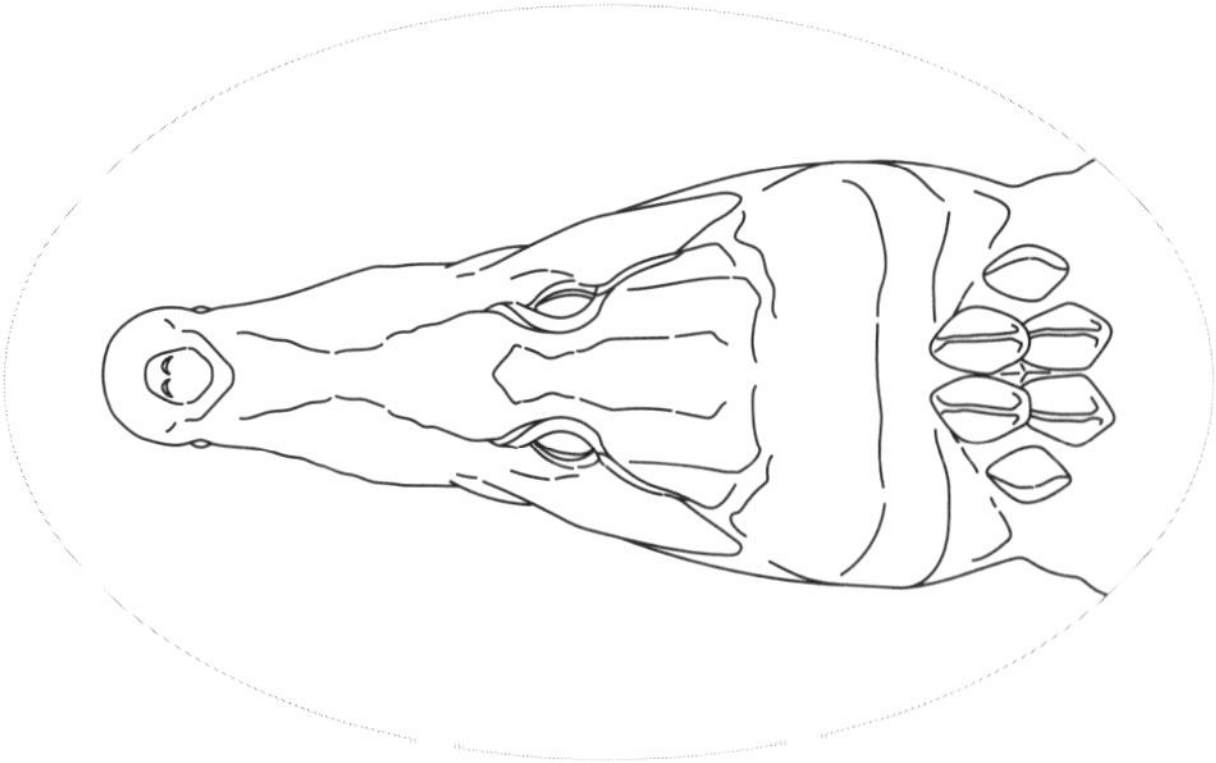

口吻の先がとがったＶ字。

顔を横から見ると

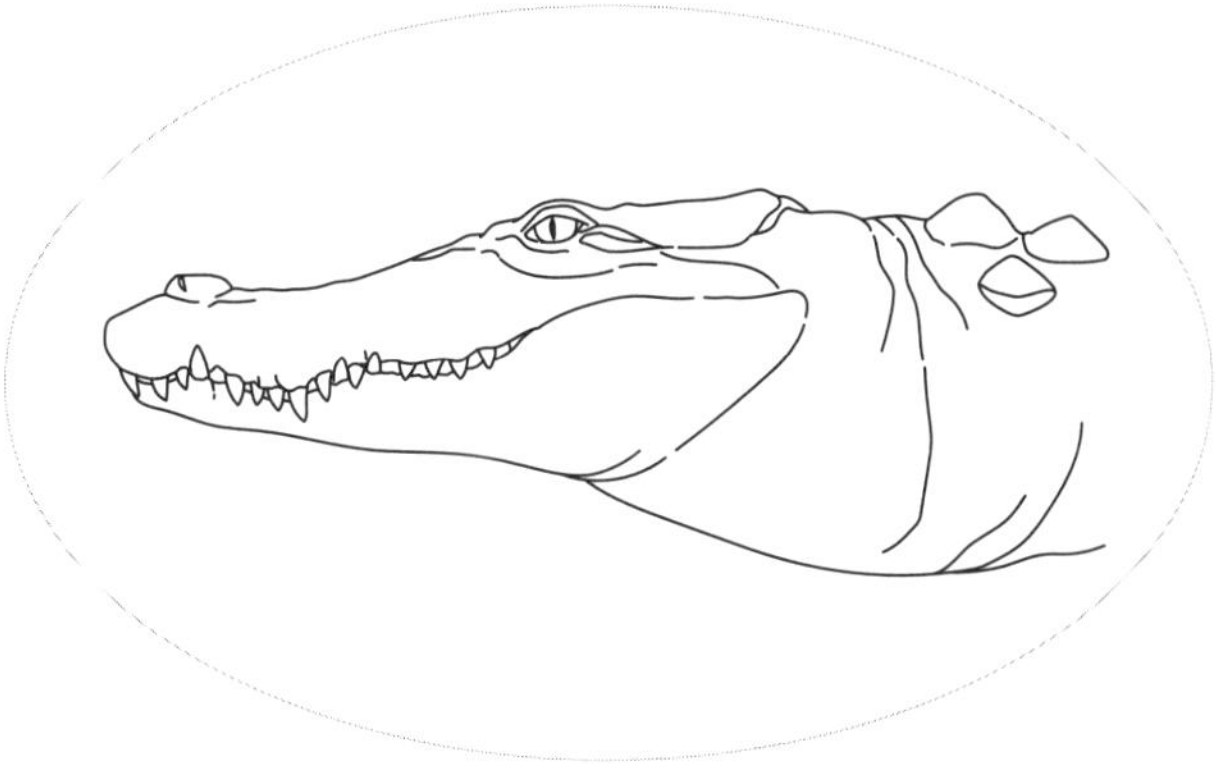

口を閉じると上下の歯がジグザグと交互に噛み合わさり外側に露出。
特に下あごの前から４番目の歯は大きく発達していて、
はっきりと確認できる種が多い。

ガビアル科

ガビアル科は諸説あるが、2属2種で、インドガビアル（*Gavialis gangeticus*）とマレーガビアル（*Tomistoma schlegelii*）がいる。顔の形が非常に特徴的で、針か釘のように鋭く細い歯が並んだ口吻が細長く伸びる。ともに絶滅危惧種で数がとても減っているが、過去にはほかの種のように超大型化した個体がいたという話が各地に残っている。インドガビアルはインドとネパールに分布し、マレーガビアルはマレー半島以外にも、スマトラ島とボルネオ島（カリマンタン）にも生息。

ガビアル科の種

- **インドガビアル** *Gavialis gangeticus*
- **マレーガビアル** *Tomistoma schlegelii*

絶滅危惧種のインドガビアル。オスは大型化すると鼻のあるところがこぶ状にふくらむ。

頭を上から見ると

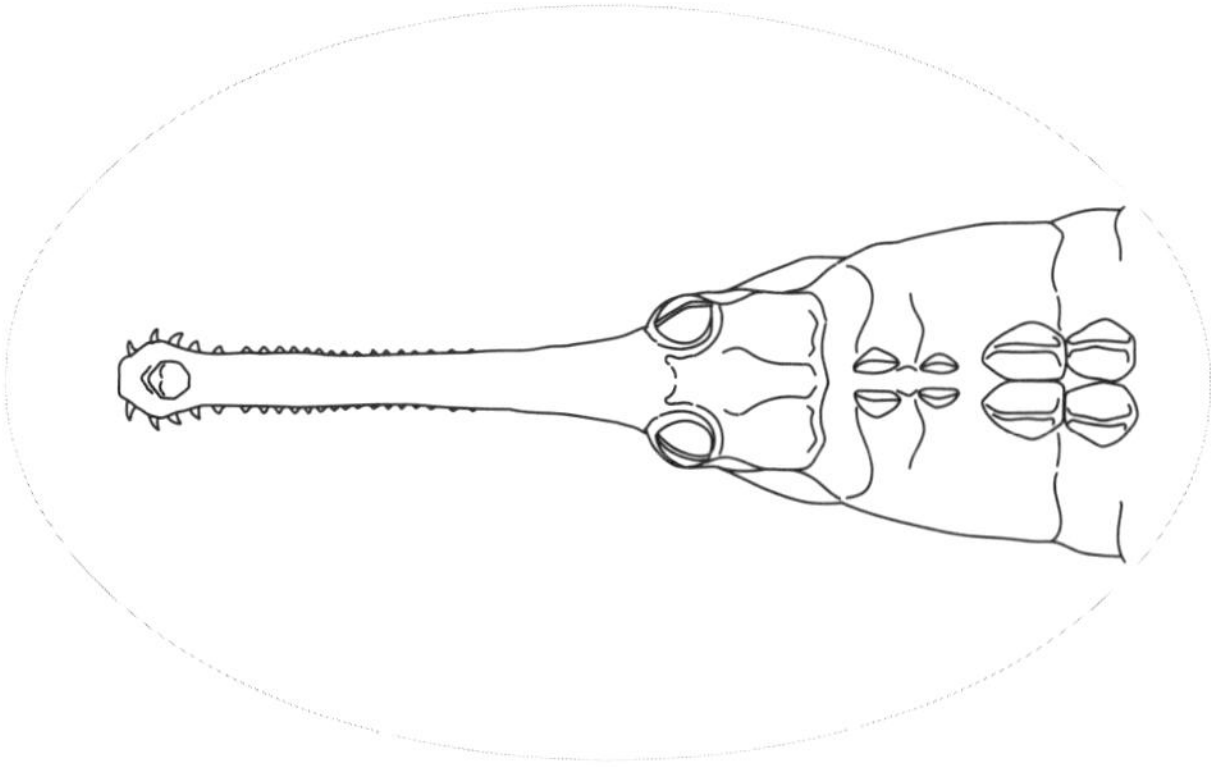

細い口吻をしている。

顔を横から見ると

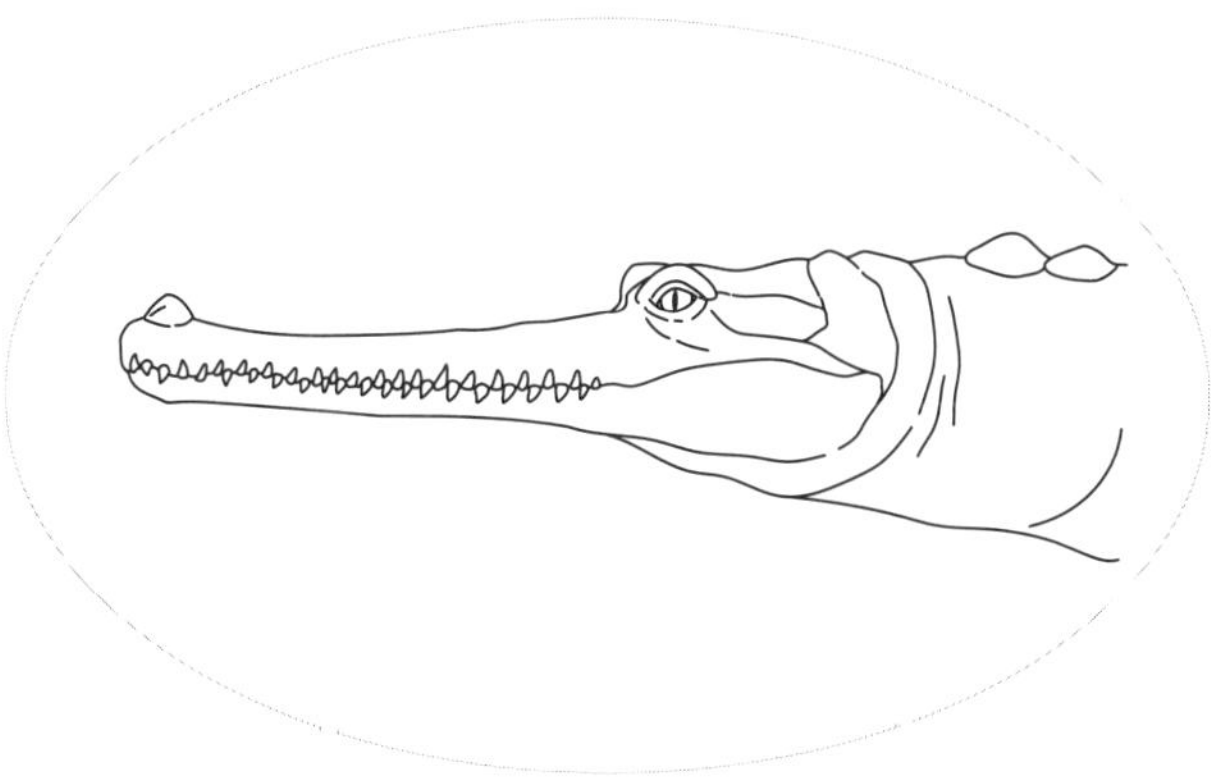

口を閉じていても、
クロコダイル科と同じく上下ともに歯が露出する。

目次

第1章

「人食いワニ」は本当にいるのか?

古今東西に伝わるうわさの真相に迫る!

第2章 ワニの体は特別製

第3章 知られざるワニの生態

ワニの多くは異父兄弟、宿敵・サメとの対決

第4章

巨大ワニの魅力

その姿は龍か恐竜か…ワニ愛好者のロマン！

第5章 ワニ研究の最前線

研究者からレンジャーまで…ワニを取り巻く人間模様

本文デザイン――岡崎理恵
イラスト――ぽんとごたんだ（カバーイラスト）
吹上花菜子（図解イラスト）
DTP――佐藤史子
企画・編集――峰岸美帆

第1章

「人食いワニ」は本当にいるのか？

古今東西に伝わるうわさの真相に迫る！

古今東西、ワニといえば「人を襲って食べる」という
怖ろしいイメージを持たれがちです。
でも本当に、ワニは人を襲って食べたりするのでしょうか。
世界でワニに襲われる人はどのくらいいるのでしょうか。
この章では、世界各国からの統計をもとに
「人食いワニ」に関する疑問に答えていきます。

「ワニに食われる」は本当か？

ワニに襲われるというと、「ワニに食われる」ことを真っ先に思い浮かべるのは万国共通のようです。ですが、オーストラリアをはじめ、ワニのいる国の事例を細かに調べてみると、ワニに襲われて実際に「食べられた」という例はじつは意外に少ないことに驚きます。これにはいくつか理由があります。

第一に、もし人が襲われた場合、食べられる前にその場にいた人や、後から捜索して

いた人がすぐに遺体を回収するからです。また、人を襲ったワニは多くの場合、発見次第すぐに殺されてしまいます。

そして第二に、ワニは人を襲って殺しても、そのほとんどにおいてすぐには食べない傾向があるからです。ワニが人を襲うのは、必ずしも捕食が目的ではありません。むしろ、自分の縄張りに入ってきた侵入者を排除するためであったり、バシャバシャと水に入ってきた人間を、何かはわからないが、興味本位で水中に引き込んでみたという場合が多いのです。

ふだんおもに魚を食べているワニにとって、子どもは別として、人間の大人は獲物としてはけっこうな「大物」です。とりあえずしとめてはみたものの、「さて、どうしたものか……」とワニも持てあましているのです。

私たちで言うなら、ふだん牛肉は肉じゃがやカレーなどで少量しか食べない人が、突然目の前に1キロのステーキを出されるようなもの。ごちそうではあっても、あまりの大きさにとまどうのではないでしょうか。

時間をかけておこなうワニの晩餐

ワニが大物をしとめた場合は、最初にほかのワニに横取りされないように、落ち着ける場所に移動します。そのあと、捕まえた獲物が本当に食べられるのか吟味して、少し

オーストラリアのノーザンテリトリーに立っている「ワニに注意」の看板。2013年、このすぐ近くで男性が全長4.5メートルのイリエワニに襲われて亡くなった。

食べてみておいしければさらに食べて、満腹になれば次にお腹が減るまでとっておくというような慎重な手順を踏みます。

ワニというと、映画や漫画などのイメージで、つねに腹が減っていて、底なしの食欲で即座に獲物をむさぼると思われがちですが、当然そんなことはなく、満腹になれば食べるのをやめます。

このような「ワニの晩餐《ばんさん》」には、通常2～3日はかかりますが、ワニが人を襲った場合、食べだす前に撃ち殺され、被害者の遺体は回収される、というのは先述したとおりです。視界が悪く、ワニの行動が活発な時間帯である夕方に誰かが襲われると、すぐに捜索が始まり、翌日の朝までには、ほぼ無傷か部分欠損した遺体が見つかるというのがオーストラリアではよくあるパターンです。

遺体が欠損していたとしても、たいていは手か足が一本なくなっている程度で、後日解剖されたワニの胃袋から発見されたりします。被害者が大人の場合、遺体の半分以上が食べられてしまっていたというケースは非常にまれです。

襲われたらジグザグに走って逃げろ!?

世界で一番多くのイリエワニが生息しているオーストラリアには、昔からこんな逸話があります。ワニは足の小回りが利かないので、ワニに襲われてもジグザグに走って逃げれば助かるというのです。これは本当でしょうか?

その答えはノーです。というよりも、「ワニは陸上まで獲物や敵を走って追いかけてこないので、ジグザグに走っても特に意味はない」が正解です。

ワニが岸辺や水際にいる獲物を襲う方法は、気づかれぬよう静かに近づいてからの突然の不意打ちです。一瞬にして水面から大きな口が飛び出してきて、バクッと噛みつきます。体の大きなワニでも、近づいてから噛みつくまで1秒かからないくらいの速さです。そして、噛みついたが最後、ワニはその口を決して放さず、そのまま獲物を後ずさりしながら水中に引きずり込みます。

この目にも止まらぬワニの噛みつきですが、最初の一撃さえ避けることができれば生

ワニが獲物を襲う時は、不意打ちで一気に水の中から飛び出して噛みついてくる。獲物を捕らえた後は水中に引き込んで溺死させる。

存の確率は格段に上がります。たしかに素早い噛みつきを避けるのは至難のわざですが、可能性はゼロではありません。

ワニは獲物に噛みつく直前に、強力な太い尾を素早く左右に振ることで推進力を得て、水面から飛び出します。この時じつは、ワニは両目を閉じているのです（口絵写真⑨参照）。

水からバシャッと飛び出して、バクッと噛みつくまでのわずかな間、大事な眼球が傷つかぬよう目をつぶって守っている。つまり、ワニはまず水中で獲物の位置を見定めてから、目を閉じて一直線に飛びかかっていることになります。この瞬間に、獲物に想定外の動きをされるとワニは即座には対応できません。

あくまで、「どこからワニが狙っている

のかがわかっている」という、むずかしい条件付きではありますが、直線的に飛び出してきたワニの最初の噛みつきを、横か後ろへ大きく跳んで避けることさえできれば、空振りしたワニはあきらめてズルズルと後退して、水の中へ戻って行くしかありません。その時点ですでに数メートルほど水際から離れることができていれば、ワニがなお、陸上を追いかけてくることはめったにないでしょう。十中八九、ワニはまた水中に身を隠し、不意打ちができる次のチャンスを静かに待ちます。

なので、もしワニに水辺で襲われそうになったら、ジグザクに走るよりも、水中からまっすぐに飛び出してくる噛みつきを横っ飛びになんとか避けて、少しでも早く水辺から離れることを考えたほうが賢明です。当然、ものすごい速さでくる噛みつきを避けられるほどの、すばらしい反射神経があればの話ですが……。

◎九死に一生を得たエピソード

今にもワニが飛びかかってくるという状況で、無事に事なきを得た話があります。

オーストラリアのクイーンズランド州で、ある人が夕方に川岸に立って釣りをしていたところ、ついつい夢中になってルアーを投げるうちに、あたりはすでに薄暗くなってしまいました。

その人がふと前方に目をやると同時に、背筋が凍りつきました。ほんの3～4メートル先の水面の下から大きなワニがこちらを見ていたのです。

そのワニは獲物を狙い定めたかのように、静かに近づいてきています。今にも水面から飛び出し、噛みついてくる様子です。

ふつうなら気がついた瞬間に大慌てで後ろに逃げるところですが、幼いころから現地のワニを見て育っていたその人は、音を立てて逃げようとすれば、その瞬間にやられてしまうと本能的に悟り、一歩も動けませんでした。まさにヘビに睨《にら》まれたカエル。絶体絶命のピンチです。

その瞬間、その人は手に持っていた釣り竿《ざお》をなかば無意識に小さく素早く振って、竿先に付いているルアーでピシッと水面のすぐ下にあったワニの鼻先を鋭く叩いたのです。

もちろん物理的に考えれば、そんな小さな物で叩かれてもワニは痛くもかゆくもありません。ですが、そのワニからすれば、狙っていた獲物から突如不可解な攻撃を受けたのです。思わぬ反撃に驚いたワニは、すっと水に潜って岸から少し距離を開けました。その隙にその人は大きく後ろに跳び下がって九死に一生を得たという話です。

もしあの時、竿で瞬時に抵抗をしていなければ、まったく違う結末になっていただろうと後に本人が語っています。

ワニの人身事故、死亡原因は溺死？

各国の専門家からの報告をもとに作成されている統計によると、2015年の一年間で、37か国320件以上のワニによる人身事故が発生し、その被害者の半数近くの151件が死亡したと報告されています。つまりワニに襲われると、約50パーセントの確率で亡くなってしまうわけです。

では、その直接の死因は何かというとちょっと意外なことがわかります。詳しく調べてみると、ほとんどの場合の犠牲者は溺死しているのです。これは、サメに襲われた犠牲者の多くが失血死しているのとは対照的です。

また、ワニの事故というと、あの大きくて強力なあごとたくさんの鋭い歯の噛みつきによる外傷性ショック死が真っ先に思い浮かびますが、実際はその前に溺死してしまうことが多いようです。先述のとおり、ワニは人間を襲っても、その大きさゆえにすぐに引きちぎって食べたりせず、まずは獲物を水中に引き込む習性があるためです。

オーストラリアには、近年起きたほとんどの事故について、警察による詳細な記録が残っています。多くの場合、被害者の遺体は事故発生から24時間以内に回収されていて、その体にはワニによる最初の噛みつき以外の大きな傷はなかったと報告されています。

もしも噛みつかれてしまったら…

岸上でワニの最初の噛みつきをかわすことができれば、助かる確率は高くなります。では、不幸にもワニの噛みつきを避けられず、すでに噛みつかれてしまった場合はどうすればいいのでしょうか。そのまま、水中に引きずり込まれないためにできることはあるのでしょうか。

数年前、私は研究の一環として、1970年から2014年までの44年間にオーストラリア全土で起きたイリエワニによるすべての人身事故（109件、死亡27件）を詳しく調べてみました。すると、いくつかの興味深い事実がわかりました。

まず、被害者がワニに噛みつかれた時に、すぐそばに一人か二人の同行者がいて、被害者を助け出そうとした場合は、ほぼすべてのケースで死亡を免れています。逆にいえば、現場にいたのが被害者だけだったか、もしくは他に人がいても、誰も直接手助けしようとしなかった（できなかった）場合に、被害者の死亡率が格段に上がっているのです。

また、南アフリカでは、ナイルワニに襲われて助かった人の42％が同行者からの助けがあったというデータもあります。

ほとんどの場合、被害者は水際や浅瀬で足や手をいきなりワニに噛みつかれ、水中に引きずり込まれそうになっています。そのときに同行者が被害者の手や体の一部をつかんでワニと綱引き状態になり、ワニがひるむか、あきらめるかして口を放した隙に、陸上に引っ張り上げたとのこと。ワニのいそうな危険な場所では、なにより単独行動しないことがとても重要なのです。

同行者が噛みついているワニの顔を拳や棒で殴って助かった、という報告もあります。当たり前のことですが、ワニは何かに噛みついている時はほかの物には噛みつけません。ある意味とても無防備になります。そこを攻撃されればワニも当然嫌がります。

また、足を噛まれた被害者がとっさにそばに生えていた木の幹につかまって、もう一方の足でワニの顔を蹴って九死に一生を得たというケースもありました。

ほかの例も見てみましょう。

オーストラリアでは、古くからワニに襲われたときは目つぶしをすれば助かる、とよくいわれます。確かに拘束する時などに、目を覆い隠されると途端におとなしくなります。

しかし、実際に目つぶしをして助かったという実例は、オーストラリアでは一つもありませんでした。ワニに噛まれて痛みとショックでパニックになっている最中に、ワニの小さな目を的確に突くというのは、武道の達人でもない限りむずかしいのではないでしょうか。

また、噛まれているその手や足をワニの口のさらに奥に突っ込むと、ワニが嫌がって離してくれるのではないかという人もいます。ですが、そもそもワニの太く鋭い何本もの歯でガッチリ噛みつかれてしまっている手や足を、自力で動かすことができるか疑問です。

さらにいえば、ワニの喉の手前では水中で口を開けても溺れないための筋肉のフタが閉じているので、それを手足で突き破るというのも、またむずかしい話です。

ワニ対策、銃より役立つある武器とは？

ある理由があって、あなたがどうしてもワニのいる沼に入らなければいけないとします。ひざの高さくらいまである水は濁《にご》っていて、いつ突然、ワニが水の中から飛び出してきて、あなたに噛みつくのかわかりません。ここであなたが一つだけ武器を持てるとしたら何を選びますか。

多くの人は拳銃や小型の銃を選ぶのではないかと思います。

バシャ！　という激しい水しぶきの音と同時にワニがあなたの片足に噛みつきました。その瞬間、強烈な衝撃と痛みが体に走ります。

ワニは噛みついた足を放してくれません。おそらくは足をワニに引っ張られ、水の中に尻もちをつくか、前か後ろに倒れるでしょう。十中八九パニックに陥《おちい》るはずです。

そんな時、たとえ手に拳銃を握っていたとしても、よほど射撃の腕に自信のある人でない限りは弾を命中させるのは至難のわざでしょう。ほとんどの場合、でたらめな方向に弾が飛んでいくか、銃を水の中に落としてしまうのではないかと思います。

実際のところ、あらかじめ用意していた銃で、自分や仲間に噛みついているワニを追い払ったとか、退治したという事例はこれまた、オーストラリアでは一つもありません。

ノーザンテリトリーで10年ほど前に実際に起きた事故で、以下のような惨事が報告されています。

政府から許可を得たワニの養殖業者が、3人一組となって野生のワニの巣から卵を採集するためひざ上まで水につかって沼地を歩いていたところ、先頭の人が突然ワニに襲われました。

悲鳴とともに、片足をワニに噛みつかれたその人は腰が抜け、転げまわります。そのすぐ後ろにいた二人のうち一人がとっさに拳銃を抜き、至近距離から発砲しました。ですが、なんとその弾はワニではなく、噛まれている人の腕に当たってしまったのです。

足にはワニが食らいついて、腕には至近距離からの銃撃……当人にはこの上ない災難です。結局、噛まれた人はなんとか助かりましたが、ワニによる足の傷よりも撃たれた腕のほうがずっと重傷で、銃弾でくだけてしまったひじの骨を修復するために何度も手術をする羽目になったとのことです。

笑えない冗談のような話ですが、実際のところパニックになってバシャバシャと転げまわる仲間を避けて、半分水の中の足元のワニだけを的確に撃つのは射撃の名人でもむずかしいはずです。むしろその弾が噛まれている人の急所に当たらなかっただけでも、不幸中の幸いだったと思われます。

シンプルな道具が最も使える！

ではいったい、ワニを追い払うにはどんな道具が一番良いのでしょう。

意外にも答えはシンプルで、ただの棒です。木製でも金属でもいいので、硬くて、野球のバットくらいの長さと太さがある棒で、ワニの鼻っ面を強く叩くのが最も効果的です。

先述のとおり、ワニが何かに噛みついているときはほかの物に噛みつくことはできないので、無防備になります。そんな時に攻撃を受けても、ワニは口を放さない限り反撃ができません。

ワニの背中や尾は硬いうろこや分厚《ぶあつ》い筋肉におおわれているので、そこを叩いても大した効果はありませんが、細長い顔の上部は私たちの脛《すね》のように骨と皮だけです。そこを硬い棒でガーンと叩かれると、ワニといえども嫌がって、ほとんどの場合口を放してくれます。

たとえ噛まれた本人に棒でワニの顔を叩く余裕がなくても、そばにいた人たちがワニの頭や顔を叩けば口を放してくれる可能性は高いです。

これなら万が一、棒での一撃がはずれてその人の足に当たってしまった場合でも、銃のように大ケガや最悪の事態になる心配はありません。

みなさんが、ワニに襲われる危険がある場所にどうしても立ち入らなければならない場合は、拳銃ではなくて、バットか鉄パイプのような、硬くて丈夫な棒を持つことをおすすめします。

じつは私もワニの調査や撮影に出かける時は、必ず船に棒の用意をしています。幸いにも今のところはこの棒を使う機会には恵まれていませんが……。

ワニの口を手で押さえれば噛まれない、は本当か？

ワニ類、特に大型のワニは、地球上でもトップクラスの強力なあごを持った動物です。そのすさまじい咬合力《こうごう》は強力な「口を閉じる力」によってなされるわけですが、ワニは逆に「口を開ける力は弱い」と言われます。よく、「ワニの口を押さえてしまえば、ワニは口を開けられず、噛みつけない」といった話を耳にしますが、本当でしょうか。

ワニの咬合力は、上下のあごをつないでいる3種類の筋肉によって作り出されています。これらの筋肉のうちのひとつ、頭の内部深くにある筋肉が特に大きく発達していて、とても強力です。

一方で、ワニが口を開ける時に使われる筋肉は、閉口のための筋肉ほどは発達していません。口を閉じるのには何種類もの特化した筋肉が使われるのに対して、口を開けるのには、基本的には後頭部にある比較的大きな筋肉だけです。これが「ワニは口を閉じる力に比べて、開く力は弱い」ゆえんです。

ただし、実際は決して開く力が極端に弱いわけではありません。小型のワニならば、人間の手の力で押さえることができるかもしれませんが、大型のワニともなると、到底押さえられないのではないかと思います。

開口のための筋肉だけでも、人間の腕の筋肉よりもずっと太いので、たとえ梃子《てこ》の原理が有利に働く口吻の先端付近を押さえたとしてもむずかしいでしょう。

このワニの口を開く力を実際に計測したデータは今のところないのですが、オーストラリアのノーザンテリトリーのダーウィン湾で、ほぼ毎日イリエワニを捕獲している私の職場のレンジャーたちに聞いてみました。

ほとんど全員が口をそろえて、全長3メートル（体重約90キロ）以上の個体はヒト一人の手の力では口を押さえるのは無理ではないかという見解でした。ましてやそれが、体重が何倍ともなる4メール、5メートル級となれば推して知るべしですね……。

また、今までオーストラリアで100件以上起きているワニによる人身事故でも、ワニの口を押さえることによって噛まれずにすんだという人は一人もいません。このことも合わせて考えれば、答えはおのずと見えてきそうです。

高い所に逃げる、は有効か?

高い所に逃げれば助かるのか。その可能性について考えてみましょう。

数年前に「ワニは木にのぼれる」として、木にのぼっているワニのさまざまな写真が載った論文が発表され、ちょっとしたニュースになりました。世間の人々は、ただでさえ恐ろしいワニが水の中だけでなく、木の上にまで追ってくるのかと騒ぎましたが、これにはちょっとしたというか、かなりの語弊《ごへい》があります。

というのも、これらの写真に写っているワニはすべて木の上で日光浴をしているだけだからです。

まず、多くの種でワニの子どもが水面から突き出ている倒木や斜めに生えた枝などによじのぼって日光浴している姿がよく見られます。このとき子ワニが乗っている枝は水面のすぐ上か、高くてもせいぜい1メートル前後といったところです。

別のケースとして、もう少し大きな若いワニが、水際に生えている木にのぼるということがあります。とはいえ、これも「木にのぼる」というよりは、岸から水面上に向かっ

ワニは川の上にせり出した木の幹の上で休むことはあるが、垂直に生えた木をのぼるということはない。

て斜めに生えている木の幹上に乗っているというものです。この場合でも水面から2メートル以下の場合がほとんどで、それ以上の高さに上がることはめったにありません。

大きな個体になると体も重くなるので、なおさら木の幹の上に乗るということはしなくなります。ゆえに「ワニは木にのぼれる」と本当に言っていいのかは議論の余地があり、誤解を招く表現かもしれません。

ちなみにワニはある程度の水深があれば、かなりの高さまでジャンプすることができます（第2章で詳述）。野生のワニが木の上の獲物を狙うことはめったにありませんが、木の上に避難するのであれば、かなり高い所までのぼることをおすすめします。

◎本気になれば、フェンスものぼる

ワニはその気になれば、指のかかるフェンスならばけっこうな高さまでよじのぼることができます。

過去にオーストラリア・ノーザンテリトリーのワニ園で、新しい池に移したばかりの全長3メートル強のワニが行方不明になる騒ぎがありました。池の周りは十分な高さのある頑丈なフェンスで厳重に囲われています。その柵のどこにも壊されたりした形跡はなく、ワニだけがこつぜんと消えていました。

職員総出で近辺を探したところ、そのワニは隣にあった古い池で、悠々と泳いでいるのが見つかりました。職員たちの手で再びそのワニは新しい池に戻されましたが、次の日、またそのワニはどういうわけか古い池に戻っているのです。

「いったい、どうやって移動しているのだろう」ということで、一晩セキュリティカメラが取りつけられました。翌日その映像をチェックしたところ、なんとそのワニは高さ3メートル以上あるフェンスを器用によじのぼっていたのです。太い尾で体重100キロはあろう体を支えつつ、前足と後ろ足の指を金網にひっかけて難なくのぼっていました。

また近年では、アメリカで野生のミシシッピワニが高さ2メートルほどのフェンスを軽々とよじのぼっている姿が何件か目撃されており、現地でニュースになっています。

尾は武器としては使わない

たまに聞く俗説に、ワニの尾は振り回して敵に当てる強力な武器になる、というのがあります。

しかし、一般的にワニが尾を武器として使うことはありません。オオトカゲは、敵に襲われた時やケンカの時などに、尾を積極的に振り回して武器として使うことがあるようですが、ワニでそういった例は今まで報告されていません。

ただ、飼育下や自然の捕獲時にワニが抵抗して暴れた結果、なかば偶発的に振り回した尾が人に当たることはあります。

その時の威力はすさまじいもので、ある日、オーストラリアのノーザンテリトリーで全長4メートル近いワニを拘束しようとしていた時に尾の一撃を食らったレンジャーの話によると、「前かがみになっている時に後ろから突然振り回した尾が当たって、2～3メートル前のめりに転がされてしまった。もし、あれを前方からもらっていたら、ひざの関節が逆に曲がって大変なことになっていただろうね」とのことです。

ワニに襲われても太っていれば助かる説

過去42年間にオーストラリアで起きたすべての事故のデータから、襲ったワニの全長と体重、襲われた人の身長と体重を推定して、その関係を統計的に調べてみたことがあります。

できあがったシミュレーションモデルによると、体重75キロの成人が水中で襲われた場合、襲ったワニが3メートルほどの大きさであれば、その人が助かる確率は81パーセントと予測されます。

これが、4メートルのワニだと生存率は一気に17パーセントまでに下がってしまい、さらに4・5メートルの巨大ワニだった場合の生存率はたったの2パーセントです。

つまり、全長3メートルのワニでもその体重は90キロほどしかないので、いくら噛みついているとはいえ、75キロの人間を溺死させるのは簡単ではないことがわかります。その一方で、4・5メートルのワニだと体重は優に400キロを超えるので、自分の5分の1以下の重さの人間を溺死させるのは朝飯前というわけです。

ワニは人間を含む陸上の獲物に噛みついた時、まず水中に引き込もうとします。そこでワニとの綱引きに負けて、深い水中に引きずり込まれてしまうと高確率で溺死してしまうとお伝えしましたが、まさにこの水際の「綱引き」の勝敗が被害者の生死を分けるのです。

これは言い方を変えれば、たとえワニの大きさが同じでも、襲われる人の体格が大きくなるほど、生存率が上がるということです。逆に言えば、一般的に体の小さいといわれる女性や子どもはワニに襲われると死亡するリスクが高くなるので要注意ということにもなります。

とはいえ、数十キロしか違わない人間の体の大きさよりも、数百キロ単位で変わるワニの大きさのほうが生存率にはよほど重要なので、当然のことながら、まずは大きいワニに襲われないということが何よりも大事です。

ちなみに、これらの推測値はすべて水中で襲われた場合ですが、岸辺など陸上で襲われた場合は、さらに生存率が飛躍的に上がります。これは単純にワニにとって被害者を水中に引き込むのがむずかしくなるためです。

極端な話、自分より軽いワニ（全長2・5〜3メートルで体重55〜90キロ）に岸上で襲われても、大ケガをすることはあれども死ぬことはありません。もちろん、首や頭などの急所を噛まれたり、事故後すぐに適切な治療を受けられなかったりすると、また別の話になりますが……。

リアルな事故件数は把握するのが困難

2015年の一年間で合計323件のワニによる人身事故が起き、そのうち151件が死亡事故であるとお伝えしました。この数は37か国からの合計数ですが、実際にはこれよりずっと多くの事故が起きていると考えられています。

別の近年のデータを参考にしてかなりザックリと試算したものだと、年間1000人ほどがワニによる事故で亡くなっていると言う専門家もいます。先ほどのデータをもとに考えると、ワニに襲われてケガをする人も、少なくともこの死者数と同程度いると考えられるでしょう。

世界中で毎日のように事故が起きているにもかかわらず、アフリカ諸国をはじめとする多くの国では、警察や役場など、しかるべき機関に通報や報告が届かなかったり、またマスコミの目にとまることもなくニュースにならなかったり……ということも往々にしてあります。

これには、ワニの事故が起きるような人里離れた遠隔地では、情報伝達や医療のインフラの整備が遅れていたり、そもそも通報や報告が行っても記録として残していなかったり、などの要因があります。こういったことからも、世界規模で実際の数を正確に把握するのはとてもむずかしいのです（どの国の人がワニに襲われているのかを示すデータは55ページをごらんください）。

どの種のワニが人を襲っているのか？

前出の2015年の統計データを詳しく見てみると、報告のあった37か国で計323件の事故を起こしたワニは全部で17種。件数別に並べると次のようになります。

1　イリエワニ　116件（死亡55件）
2　ナイルワニ　85件（死亡56件）
3　ヌマワニ　54件（死亡22件）
4　アメリカワニ　22件（死亡5件）
5　ミシシッピワニ、クロカイマン　各10件（死亡各3件）
6　モレレットワニ　10件（死亡2件）

人を襲ったワニを種別で見ると、やはり群を抜いて多いのがナイルワニとイリエワニです。どちらもクロコダイル科クロコダイル属の大型種で、全長5メートル、体重500キロを大きく超える個体もいます。

イリエワニは気性が非常に荒いといわれている上に、基本的にワニが好む淡水だけでなく、汽水と海水域にも生息し、東南アジアとオセアニアを中心に広く分布しています。ちなみにイリエワニ（Estuarine crocodile）という名前は「入り江」から来ていますが、海の塩水と川の淡水が入り混じる汽水域に多く生息していることに由来します。また、オーストラリアやほかの国では「塩水ワニ（Saltwater crocodile）」と呼ばれるのが一般的です。

ナイルワニは、気性はさほど荒くはないものの、ヌー、シマウマ、バッファローなどアフリカ地域特有の大型動物を獲物にしている機会も多いため、獲物としては決して小さくはない人間を襲うのに抵抗が少ないというのも、事故の多さの理由の一つかもしれません。

ヌマワニはイリエワニほど大きくならないものの、生息地のインドやスリランカでは、地元住民が利用する淡水の河川や水路、湖や池沼に生息していることがあります。そのため人との遭遇率が比較的高く、事故につながっているといわれています。

アメリカワニもヌマワニと同じく中型のクロコダイルの仲間ですが、イリエワニ以上に海水に適応していることが多くの事故の遠因になっていると思われます（ワニの種別事故の詳細は54ページもごらんください）。

気性の荒いワニだけが人を襲うわけではない

ワニは種によって気性が荒いとか、おとなしいとかいわれます。種によって性質が大きく異なるのは事実ですが、何を基準にそれぞれの気性や性質を判断しているのでしょうか。

一つの指標としては「同種の他個体への許容度」があります。つまり、ワニが自分の周りにどれくらいほかのワニ（同じ種で同じ大きさの個体）がいても気にしないかを調べるのです。種によっては、子どものころからすでに強い縄張り意識を見せ、ほかの個体が近くに来るのを嫌がります。

子ワニのこういった反応を詳しく調べた研究によると、他個体へ最も激しい攻撃と拒絶を見せたのがイリエワニで、1歳の時点で早くも個体の強さによる上下関係が決まっていたとのことです。イリエワニがワニの中でも飛びぬけて気が荒いといわれるのも、うなずける結果です。

イリエワニほどではないにせよ、次に強い拒絶反応を見せたのが、その希少さゆえにあまり詳しいことがわかっていないニューギニアワニ。次点で中程度の許容度を見せた小型種のコビトカイマン。そしてシャムワニとジョンストンワニが続いて、最後にミシシッピワニとインドガビアルが最も高い許容度を見せたとのことです。

残念ながら、これら以外の種に関しては同じ実験がされていないのですが、同論文内では他の研究データや文献にもとづいて、他種とも比較しています。それによると、毎年多くの人を襲っているアメリカワニやヌマワニは中程度以下の気の荒さで、世界で一番多くの犠牲者を出しているといわれるナイルワニは、なんとシャムワニとミシシッピワニの中間となっています。

人を一番多く襲っているトップ4種のうち（47ページ参照）、ナイルワニが一番性質がおとなしいというのは意外ですが、毎年アフリカの厳しい乾季にさらされ、水量の減った川や湖に高密度に密集して過ごすことが多いことを考えれば、彼らの「他個体への許容度」が高いのは納得がいきます。

この実験は、イリエワニをのぞいて、ワニの性質（気の荒さ）が人を襲った事故件数と必ずしも比例していないのが興味深いところです。そこに住む人間やワニの数、そして人が水に入る頻度や時間の長さなど、ほかの要因の影響が大きいからではないかと考えられます。

どんな時、人はワニに襲われるのか？

ワニによる人身事故の被害者の詳細はアメリカ、インド、オーストラリア、南アメリカをはじめ多くの国で調べられています。国や種を問わず共通して一番多い被害者層は地元住民の成人男性で、じつに全体の7〜8割を占めます。

襲われていた時に何をしていたかという行動別のデータを見てみると、一番多いのが「遊泳や水浴び」、続いて「(小規模な漁を含む) 魚釣り」です。やはり水の中に入っている時に襲われるのがほとんどのようです。

また、カヌーに乗っていてワニに襲われたという例も複数あります。じつは船の大きさは重要で、イリエワニやナイルワニなど大型のワニがいる所では、長さが4メートル以下の小型のボートはワニが襲ってくる可能性があるので危険なのです。船外機のエンジンを積んだ4メートルのアルミ製のボートの総重量は重くても300キロほどですが、全長4・5メートルのワニの体重は400キロを軽く超えます。逆に言えば、ワニよりも大きな船に乗っていれば基本的には安全だと言えます。

ワニが生息している熱帯地域は、洋の東西を問わず、いわゆる経済的発展途上の国や新興

ワニが棲む多くの国の川や湖では、人がワニに襲われないように浅瀬に柵を設け、その中で水浴びや洗濯をする。

国が多くなります。そういった国々に住む多くの人々は、日々の暮らしを営んでいくために、ワニがいると知りつつも川や湖に入らなければなりません。魚を獲らなければならなかったり、水を汲まなければならなかったり、家畜に水を飲ませなければならなかったりとさまざまな事情があります。

ミシシッピワニやアメリカワニのいるアメリカ合衆国や、イリエワニやジョンストンワニがいるオーストラリアのように、ワニのいる水の中に自らが入っていかなくても問題なく日常生活が送れるという場所は意外に少ないのです。

そういった人たちに向かって「水にさえ入らなければワニに襲われることはない」と言っても、そんなことは百も承知のはずで何の助けにもなりません。むしろ本当に必要なのは、ワニに襲われないように少しでも大きなボートを使うとか、ワニが入ってこられないくらい細い水路を引くとか、水際の一角を柵で囲むといった苦肉の策に近い小さな工夫を絶え間なく重ねていくしかないのです。ワニと人間社会の共存のむずかしさはそんなところにもあります。

キャンパーを襲うワニ

遊泳や魚釣り以外で、オーストラリアで実際に起きためずらしい例だと、川辺でキャンプをしていて、夜テントで寝ていたらワニに襲われたという事故が複数件あります。ワニが陸にまで上がってきて人を襲うのは非常にまれですが、この場合は川岸のすぐ目の前にテントが張ってありました。中で何も知らずに寝ていた人間を「捕食するのに安全な獲物」と見なしてワニが噛みついたと思われます。

また、1件だけですが、本来気性がおとなしく、今まで死亡事故を一度も起こしたことのないジョンストンワニが同じような状況で、テントで寝ていた人の足に噛みついて軽傷を負わせたという事故もあります。

このような事故があり、現在オーストラリアでは、ワニのいる川や湖の近くでキャンプする場合は水際から少なくとも30メートルは離れた場所でテントを立てるように注意喚起がなされています。

Column 1 データで見るワニの人身事故

種別の事故件数など、ワニの人身事故に関する
3つの興味深いデータを紹介します。

どの種のワニが人を襲っているのか

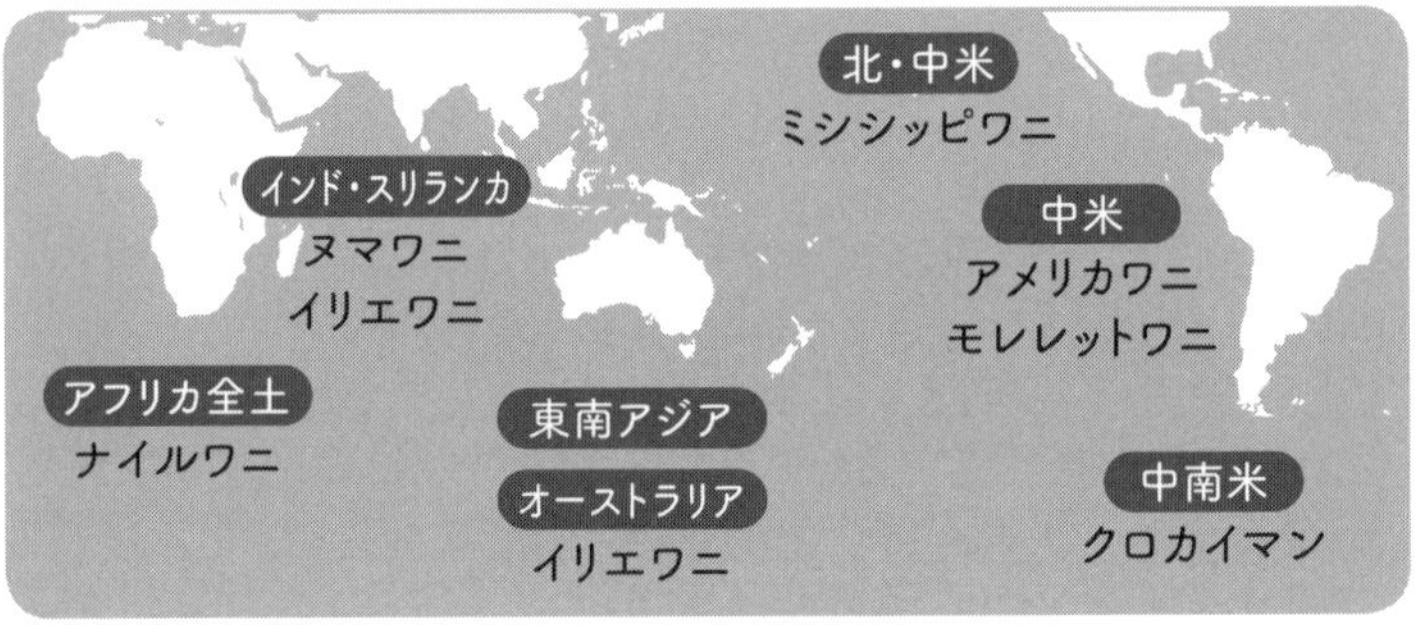

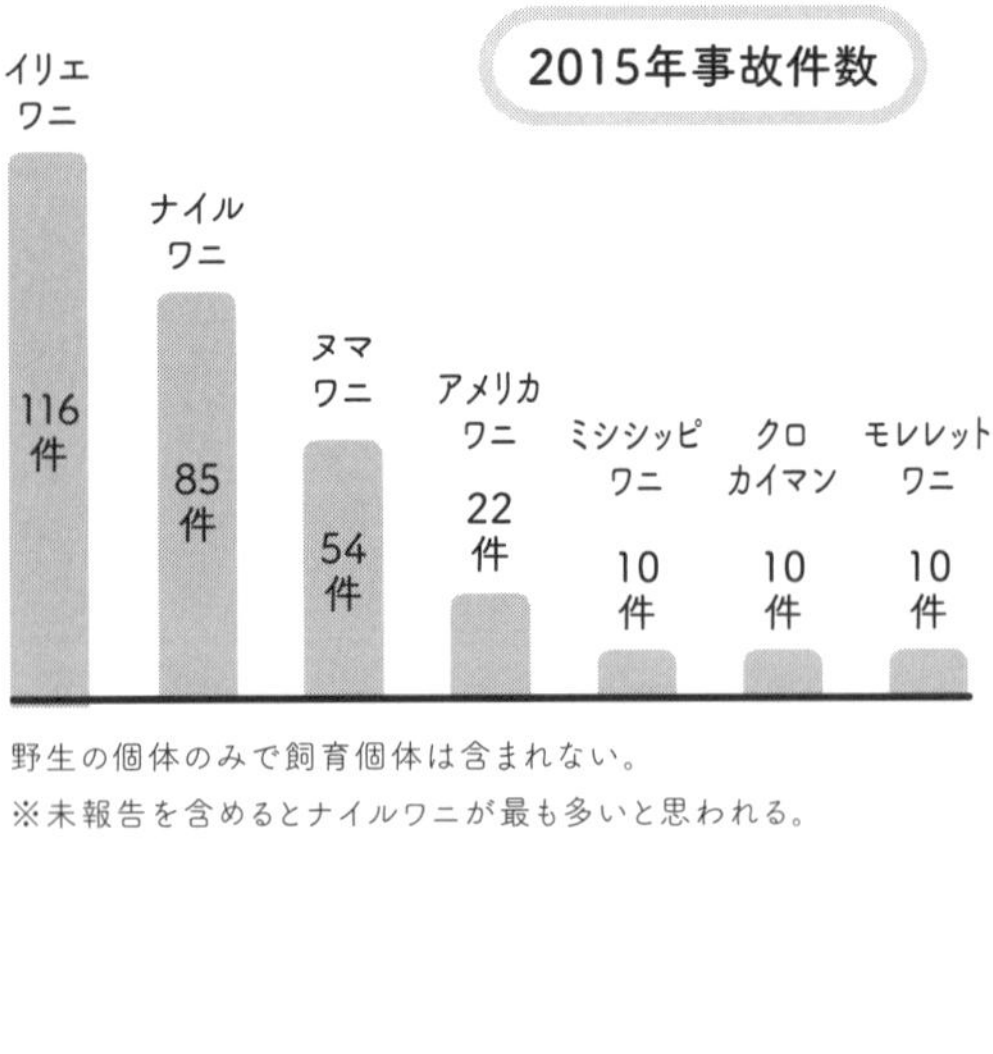

野生の個体のみで飼育個体は含まれない。
※未報告を含めるとナイルワニが最も多いと思われる。

どの国の人がイリエワニに襲われているのか

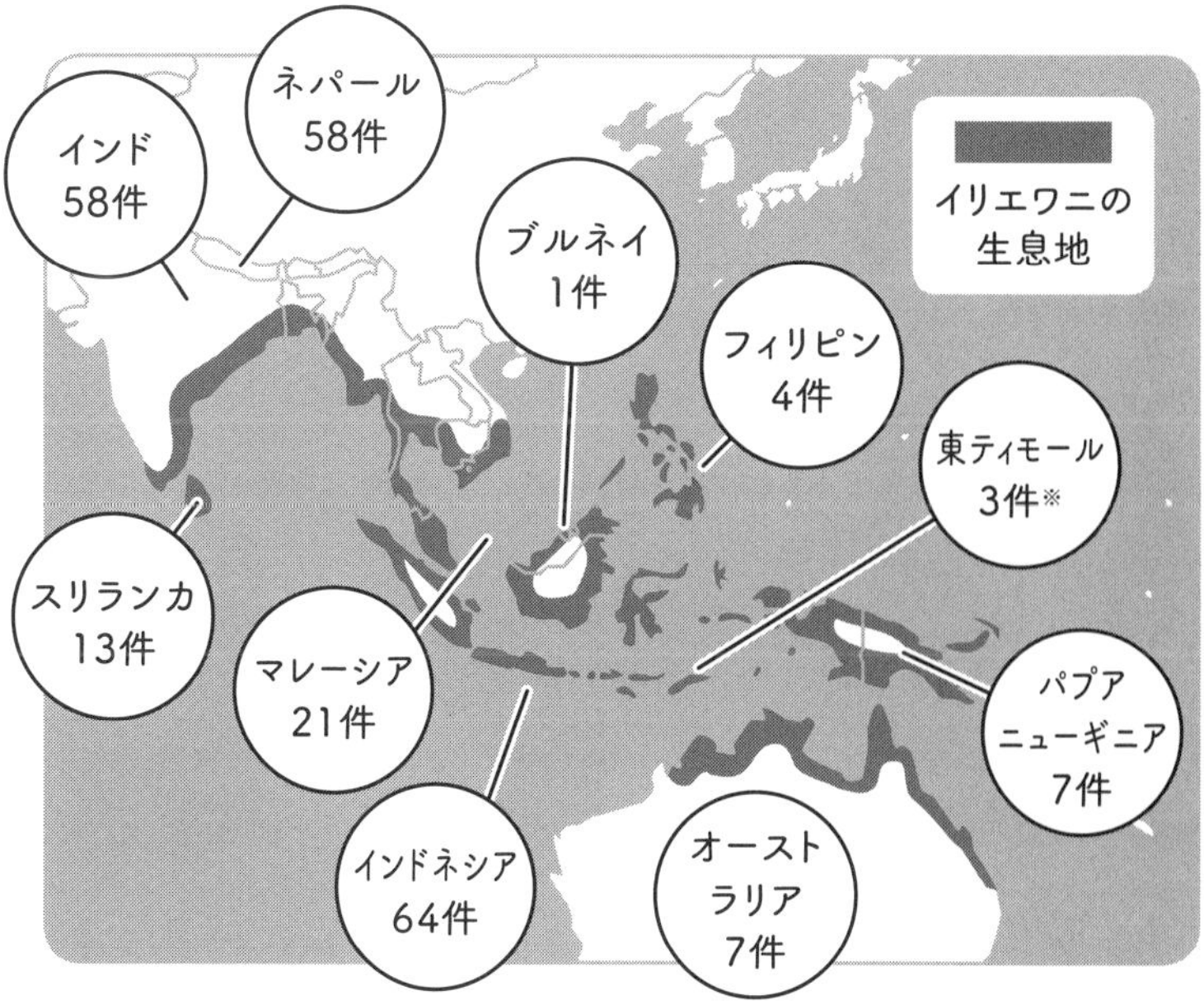

各国の専門家からの報告をもとに作成した最新の統計(2015年)。
※未報告を含めると10倍以上と思われる。

国や州を問わず、ほぼ世界的に共通しているのが、赤道近くでは夏に当たる雨季のほうが冬に相当する乾季より多くの事故が起きていることだ。これは気温の高い夏のほうが、人間の水辺での活動が増えるのに加え、変温動物であるワニもより活動的になるためと考えられる。ただし、事故が多く起きているのにもかかわらず報告がまったくなされていない国も多数あるので注意が必要(例・東ティモール、西ティモール)。

動物による死亡事故件数

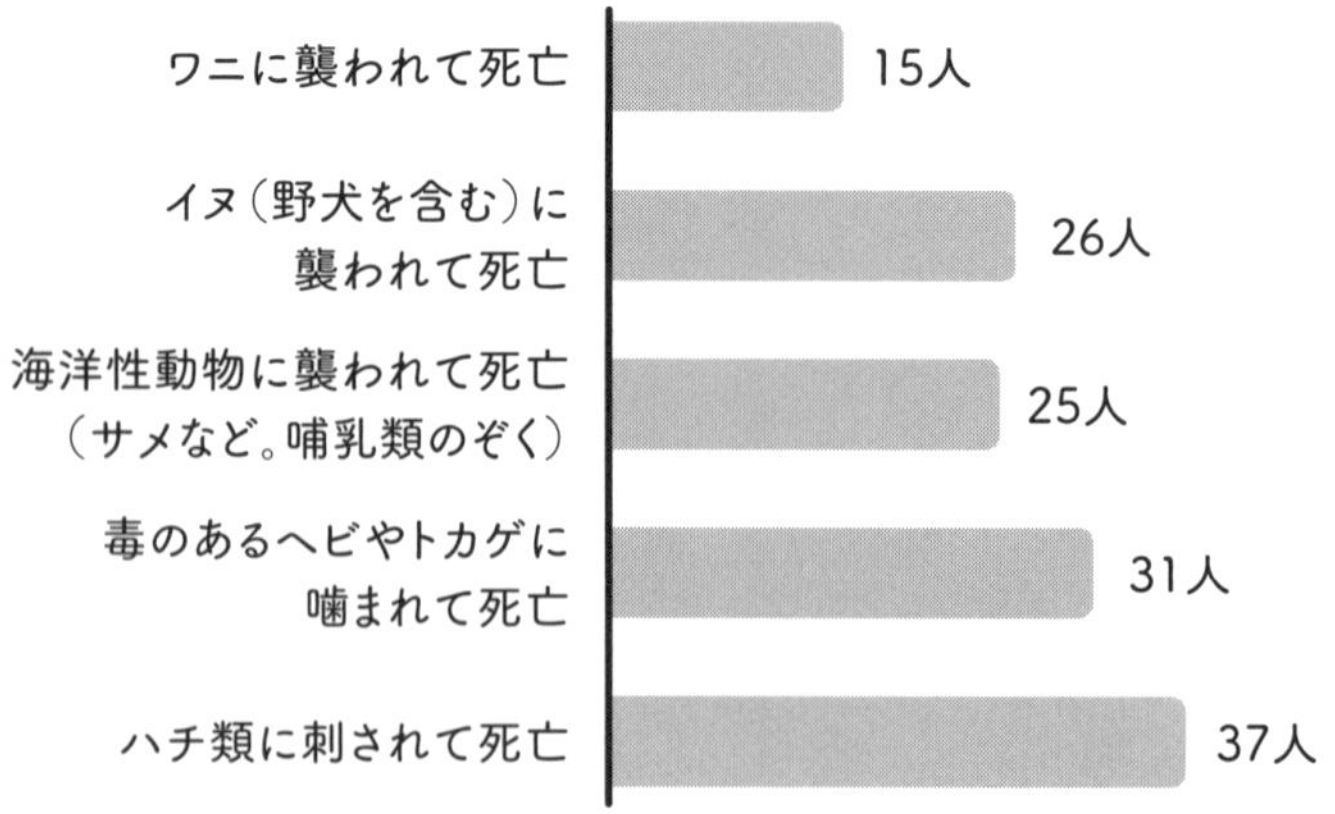

2010年から2019年の間に、オーストラリアで何らかの動物に襲われて亡くなった人は全死亡者数の0.01％以下で、ワニに限っていえば約0.001％しかいない。同じ期間の人間由来の死亡者数は、交通事故で1万4636人（全死亡者数の約0.95％）、自殺2万8707人（約1.89％）、暴行殺人2539人（約0.16％）。ワニを含む動物に襲われて亡くなる人は、人為的な事故や事件に巻き込まれて死ぬ人より格段に少ない。

第2章

ワニの体は特別製

スゴイ！　特徴をQ&A形式で明らかに

この章では、ワニという動物を特徴づける体の各パーツを見ていきましょう。

ワニの体は、2億年以上前から大きさこそ変化している可能性があるものの、その形態はほとんど変わっていないといわれています。

鳥類や哺乳類、さらにはほかの爬虫類とも違う特殊なワニの体の秘密に迫ります。

Q なぜ水中で口を開けても平気なんですか？

A 舌の奥にのどを閉じるふたがあります

ワニは水中でも魚をはじめ、多くの獲物を捕らえます。当然噛《か》みついて捕らえるわけですが、水中で激しく口を開閉すれば気道から肺に水が入り、溺《おぼ》れてしまうはずですよね。

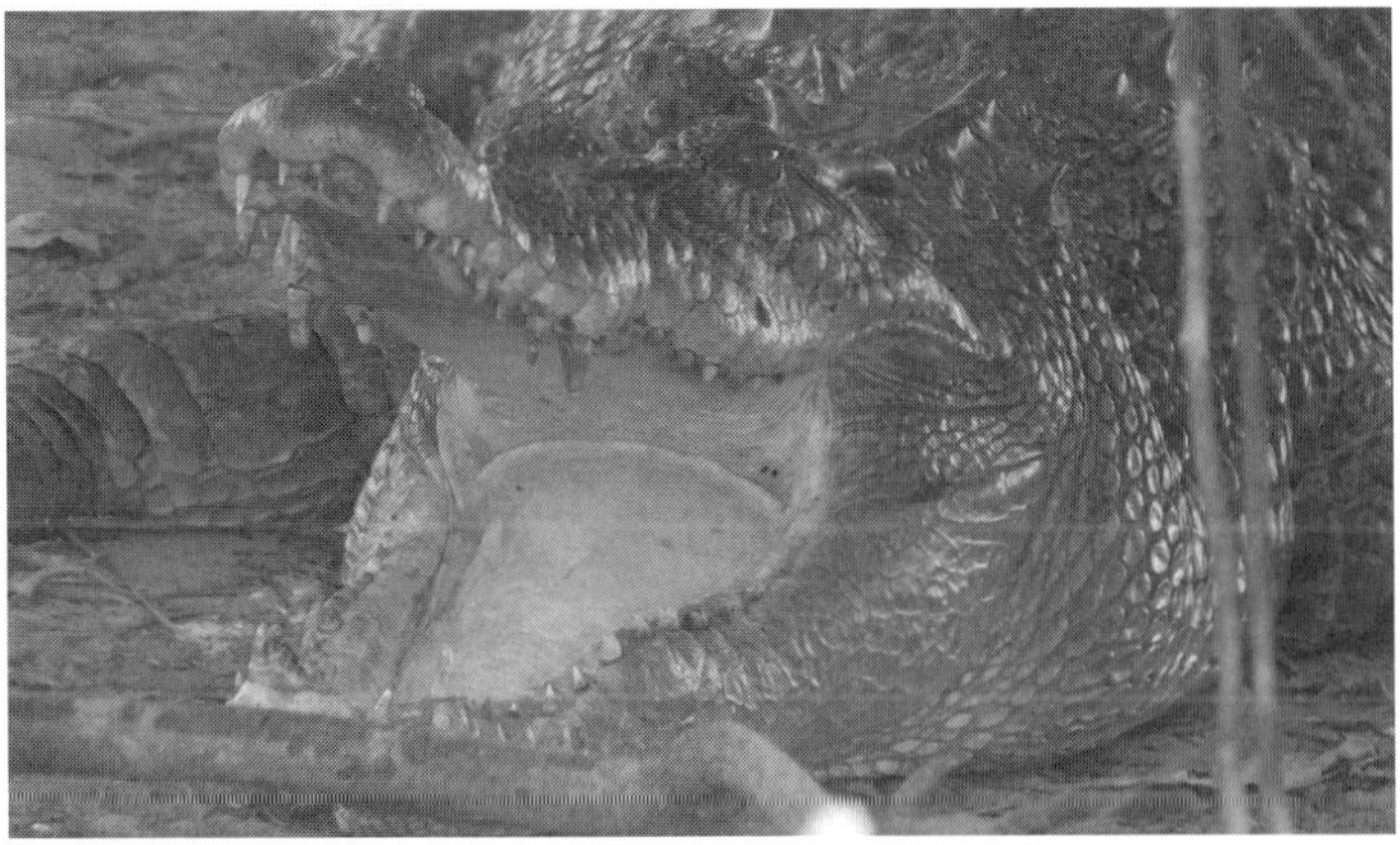

陸上でも、食べ物を飲み込むとき以外はのどのふたは閉じていることが多い。

それを防ぐためにワニの口の中には、舌のすぐ奥（私たちでいう「のどちんこ」がある場所）にのどを閉じるためのふたがあります。

このふたは上下に分かれていて、おもに舌の根元にある下のふたがせり上がることによって、のどを完全に閉じることができます。水中ではつねにこのふたをぴったりと閉じているので、ワニは水をのみ込むことなく口の開閉が自由にできるわけです。

ただし水中で獲物を捕らえることができても、その獲物を飲み込むためにはこのふたを開けなければなりません。そのため、ワニは必ず水面から顔を出します。捕獲や咀嚼《そしゃく》は水中でできても、食物をのみ込むことができないのです。

もし何らかの理由でこののどの奥のふたが働かなかった場合、たとえ水中で口をピッタリと閉じていたとしても、ワニには唇がないので歯のすき間から水が入ってきてたちまち溺れてしまいます。それだけワニにとってこののどのふたは重要です。

ちなみにワニは、陸上でもふたを閉じていることが多いのですが、口を開けて日光浴している時にのぞくと、リラックスして気がゆるんでいるのか、たまに半開きになっていたりします。

Q ワニの歯は何本あるの？

A 66本あるのが平均的です

ワニの歯は何本ぐらいあると思いますか？　ワニの歯の数は種によって違い、さらには同じ種でもまれに個体差があったりします。

ワニ類で一番歯の数が少ないのはニシアフリカコビトワニの60本、一番多いのはインドガビアルの110本です。ミシシッピワニやイリエワニは66本で、上あごに36本、下あごに30本あります。

ほとんどの種では、孵化《ふか》した赤ちゃんワニにはすでにすべての歯が生えそろっています。例外的にミシシッピワニは、孵化直後は生えていませんが、1〜2週間もするとすぐに生えてきます。

Q ワニの歯はどんなふうに生えているの？

A 上下交互に生えています。このおかげで、獲物を逃さずにすむのです

ワニの最大の特徴と言えば、まず、あの大きな口とずらりと並んだ歯です。

ワニの歯は噛み合わさると、それぞれの歯の隙間《すきま》を反対のあごの歯が埋めるようになっています。つまり、上下の歯が1本ずつ交互に生えているので、各歯の有無にかかわらず口を完全に噛み合わせて閉じることができて、一度噛みついたら簡単には外れないようになっているのです。

そして、もう一つ特徴があります。ワニの上あごの先端付近にまるで鼻の穴のように二つの穴が開いていて、口を閉じた時に下のあごの前歯2本がこの穴を貫通《かんつう》します（口絵写真③参照）。

貫《つらぬ》くと言っても、歯とあごの力で無理やりに穴を開けるのではなく、成長とともに歯が大きくなるにつれて、上あごの穴も徐々に広がっていき、最終的に貫通します。この穴は、孵化してすぐのころにはなく、おとなになったころに穴が完全に開くのが一般的

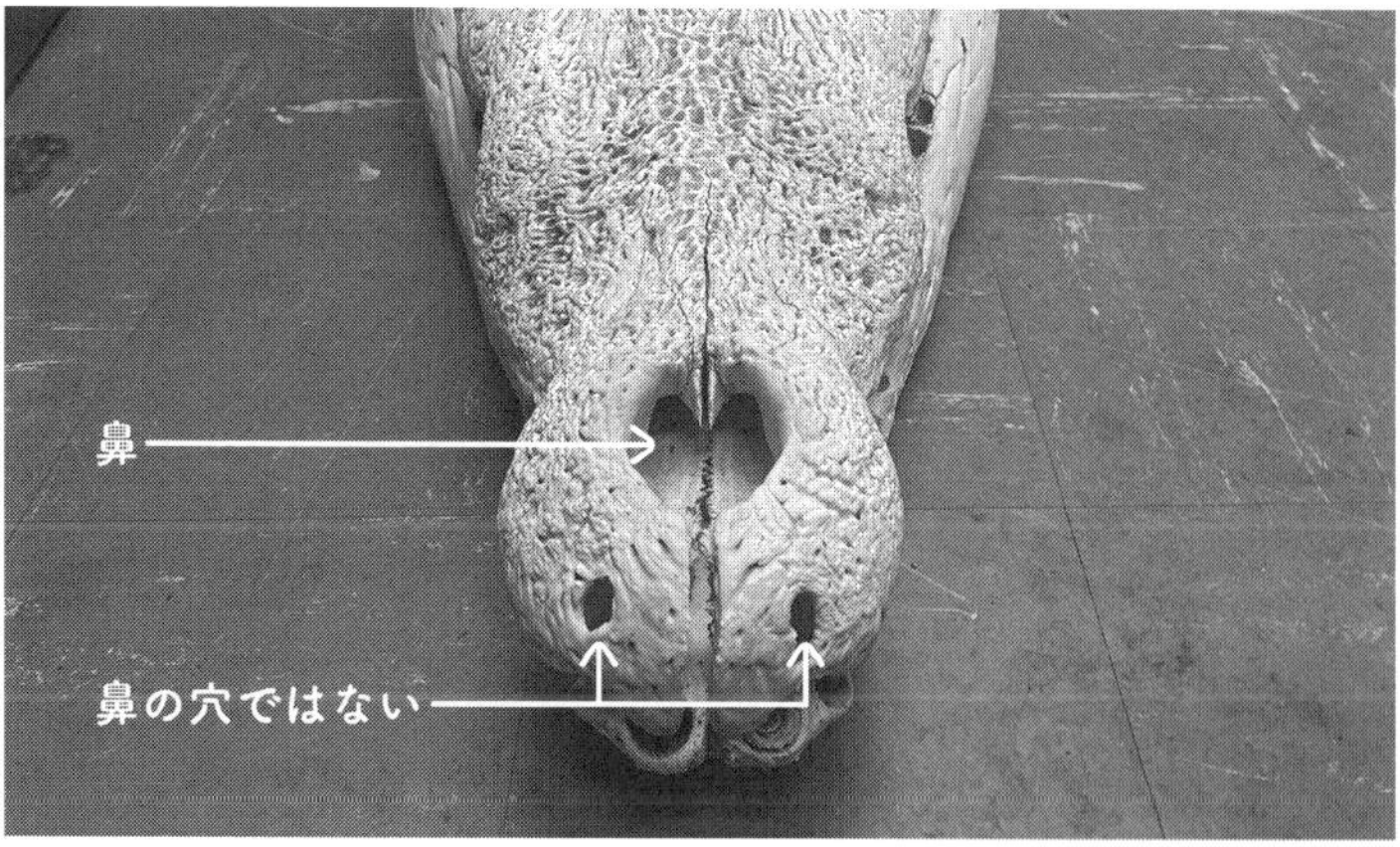

誤解されることが多いが、口吻の先にある二つの穴は下あごの前歯が貫通して開いたもので鼻の穴ではない。

なようです。

まれに前歯が大きく発達しなかったり、噛み合わせがずれていたりすると、この二つの穴が開かないこともありますが、この穴はワニ類ほとんどの種で確認されています。

生える場所や種によっても違う歯の大きさ

ワニの歯にはサメのように細かい、ギザギザとしたノコギリの目のような切れ目は入っておらず、円錐状《えんすいじょう》に先がとがっているだけです。

しかし、ひとくちにワニといっても、種によってその歯の形態はいろいろです。

ナイルワニやイリエワニなど、クロコダイル科の多くの種の歯は、生える場所によってそれぞれ大きさが異なります。上の歯は前から3番目と8~9番目、下の歯だと1番目と4番目、さらに11番目の歯が特に太く長くなります（口絵写真⑤参照）。
牙《きば》ともいえる、これらの大きな歯は、大型の獲物でも瞬時にその体を貫《つらぬ》き、致命傷《ちめいしょう》を与えます。逆に奥歯などは小さく丸くなっており、獲物を噛み砕《くだ》くのに適しています。
ワニの口が閉じた時に、下あごの大きな4番目の歯が上あご内に収まらず、露出して見えるのも、クロコダイル科のワニグループの特徴です（11ページのイラスト参照）。

ミシシッピワニやカイマン各種を含む、アリゲーター科のワニもクロコダイル科と同じ場所の歯が大型化しますが、口を閉じたときにこの4番目の歯を含め、下あごの歯のほとんどが上あごに隠れて見えなくなります（9ページのイラスト参照）。

ガビアル科のワニは、クロコダイル科と同じく口を閉じると下あごの歯はほぼすべて露出しますが、クロコダイル科やアリゲーター科のワニのように、各歯の大きさに顕著《けんちょ》な違いはありません（13ページのイラスト参照）。

ちなみにクロコダイル科のワニでも、これらガビアル種のように細い口吻を持つジョンストンワニやクチナガワニも歯の大きさに目立つ差異は出ません。細く先の鋭い歯が

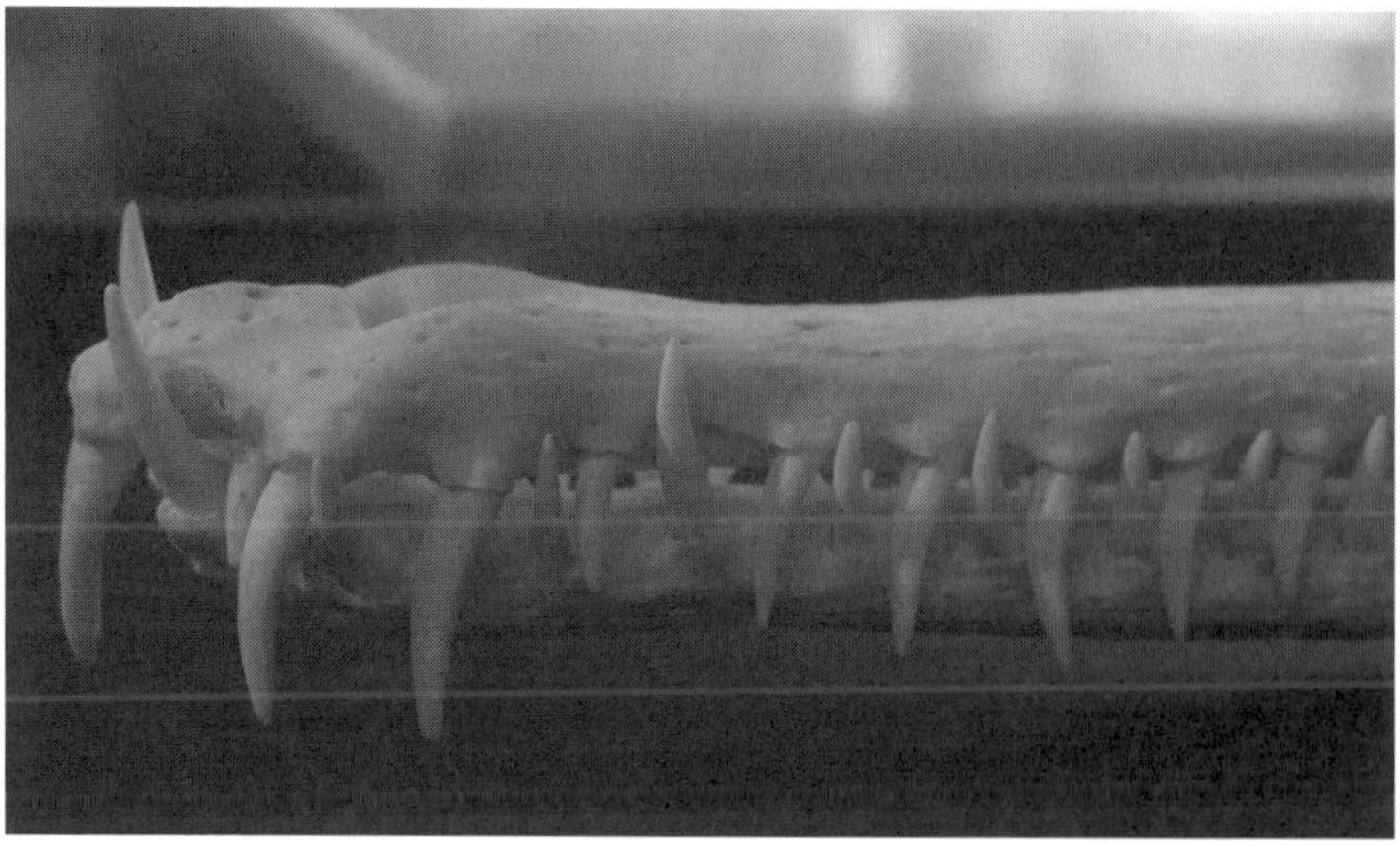

インドガビアルのあごには上下の細く鋭い歯が交互に並んでいる。これらの歯とあごは魚を捕らえるのに適している。

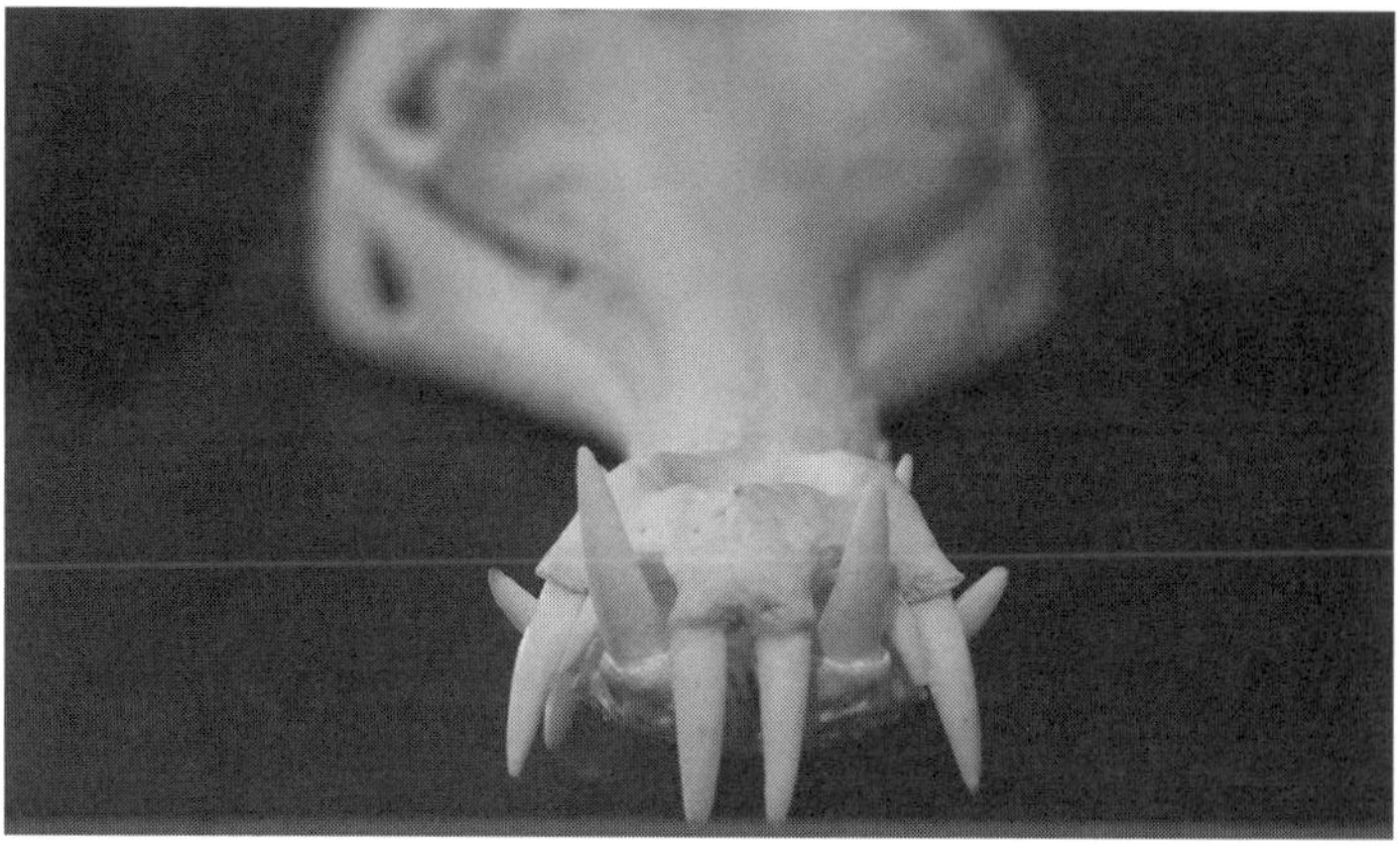

ガビアル科の口吻の先端は幅がせまく、上あごの先端は下の前歯に合わせて変形する。口吻先端の歯は他の歯よりも少しだけ大きい。

並んだ細長い口吻を持つ彼らの特徴です。これらの種はこの細い口吻を左右に素早く動かすことによって主食である魚を捕《と》らえます。

子どもとおとなの歯の違い

同じ種であっても、歯の形状は子どもとおとなのワニで変わってきます。

一般的に、若いころの歯は細く鋭いのですが、成長するにつれて歯も太く長くなり、歯先は少しずつ丸くなります。このことは、ワニがまだ小さく、あごの力も十分でないころには切り裂いたり突き刺したりできるナイフのような鋭い歯に頼って獲物を狩るのに対し、大きくなった個体はその強靭なあごと歯で、より大型の獲物をハンマーで叩きつぶすかのような力で捕らえられるようになるためだと考えられています。この傾向は、特にクロコダイルとアリゲーターの大型種によく見られます。

イリエワニの場合、全長50センチに満たない子ワニでも、噛まれると短いカッターの刃でスパッと切ったような傷がつきます。おとなのワニに噛まれると、歯による裂傷《れっしょう》や刺し傷に加え、あごの力の衝撃によって組織が破壊され、骨折することもあります。

ちなみに大小問わずワニに噛まれると、噛み傷そのものよりも、傷口からの感染症のほうが怖いといわれることがあります。ワニの口や歯に毒はありませんが、水中や口中の有害微生物に感染してケガが重傷化することがあるのです。

ワニ園で働く友人は、ある日生まれたばかりの赤ちゃんワニに噛まれ、画鋲《がびょう》に刺された程度の指先の小さな傷から入った細菌により数日後、肩まで腫《は》れあがってたいへんだったと話していました。

また、以前いた同僚は、20年ほど前、ワニの養殖場での立ち入り検査の際に全長3メートルのワニに太ももを噛まれました。傷自体は縫合《ほうごう》して比較的早く治ったものの、その後、骨まで感染症になり、何週間も入院するはめになったとそのときの傷痕を見せながら話してくれました。

Q ウミガメの甲羅を食べて、歯が欠けたりしませんか？

A 歯は折れることもありますが、すぐに生え替わるので大丈夫

立派な歯を持つワニといえども、硬い物を噛むと歯が折れることがあります。しかし、ほとんどの場合、サメのようにすぐに何回でも生え替わるので問題ありません。ただし、歯の構造や生え替わるしくみはサメとは異なります。

ワニの歯は丸い筒状で、先がとがっている円錐形《えんすいけい》をしています。ワニの歯根《しこん》（歯肉の中に隠れている部分）はかなり長く、私たちの歯根のように先が閉じておらず、筒状のまま丸く開いています。

歯の先が口内に向かって多少カーブしているので、完全な円錐ではありませんが、ちょっと長めの鉛筆やペンのキャップに近い構造をしています。

その円錐型の歯の空洞には次の新しい歯がすでに生えていて、古い歯を押し上げます。昔よくあったロケット鉛筆の芯のような構造です。

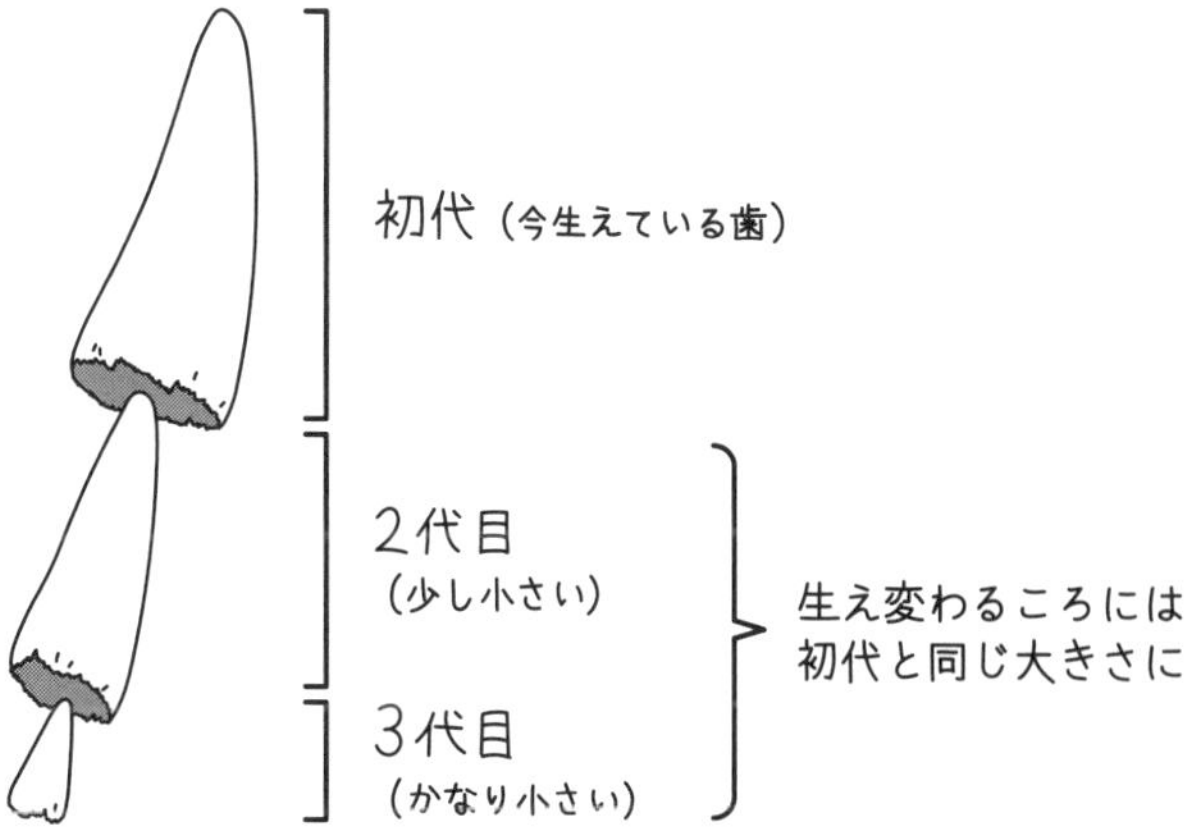

ワニの歯は折れてしまっても、古い歯の中に次の歯がすでに生えていてすぐに伸びてくるようになっている（口絵写真⑥参照）。

十分に押し上げられた古い歯の根元は薄くなっていて、強い衝撃が加わると折れて取れてしまうのですが、代謝の活発な若い個体の場合は、現在生えている歯の下に第2、第3番目の歯がすでにあごの骨の中で生えていることがあります。

　ちなみに歯が1本ずつ入っているあごの骨の穴は歯槽《しそう》と呼ばれ、ワニの長い歯根はこの歯槽にすっぽりと収まるようになっています。これはワニが噛みついた時のすさまじい衝撃と圧力に、歯が耐えられるように進化してきた形状と考えられています。

ワニの歯が生え替わるペースはどのくらいか？

　種や雌雄によっておとなになる年齢は違いますが、ワニは子どものころからおとなになるまで、だいたい15〜20年かかります。その間、20か月（2年弱）ごとに歯が生え替わり続けるので相当に速いペースです。

歯はおとなになってからも生え替わりますが、そのペースは歳をとるごとに大きく落ちてくるようです。そして、年老いた個体になると、歯が新たに生えてくることもなくなります。

ワニは歯がなくなっても大丈夫なのか……心配になりますが、ワニの歯茎《はぐき》はほぼ骨で硬いので、鳥や魚など比較的小型の獲物を捕まえて食べるのは問題ないようです。大きな獲物を捕まえたり、肉を噛みちぎったりするときに多少の不自由はあるかもしれませんが、このへんは人間のお年寄りと似ていますね。

ちなみに、ワニの歯は一生のうち何回生え替わると思いますか？　これに関してはデータが少ないのですが、全長4・5メートルの大型のナイルワニで、多くて45〜50回ほど歯が生え替わっていたのではないかという記録があります。ざっとした概算《がいさん》ですが、年老いた個体には歯が生え替わってこないことからも、一生のうち50回以上生え替わることはないのではないかと言われています。

もし50回生え替わるとすれば、イリエワニの歯は66本あるので、生涯に生える歯は3300本というものすごい数になります。

Q 噛む力がめちゃくちゃ強いって聞いたけど…

A ワニのあごは動物界最強レベル

ワニの最大の武器と言えばやはり何といっても、あの強力なあごです。動物界最強とも言われるワニのあごは実際にはどれくらい強力なのか、見ていきましょう。

さまざまな種のワニのあごの力やしくみは、長年数々の研究の対象となってきました。その中でも2012年にアメリカの研究者が発表した論文に、じつに興味深い発見が数多くあります。

この研究では現存する種のうち23種のオスとメス、大小さまざまなワニの噛む力（咬合力《こうごうりょく》）を実際に測定しました。

その結果、まずすべての種において、①咬合力は体の大きさ（質量）に比例すること、そして、②同一種の同じ体の大きさの場合、性別によって噛む力にあまり差はないことがわかりました。この点、人間を含め、雌雄によって筋肉量に差が出る多くの動物と違います。

ワニ類最強のあごはイリエワニ

この論文の計測によると、まず、3・8メートル（オスの平均最大全長を優に超える）のミシシッピワニの奥歯付近の咬合力が1万3172N《ニュートン》と表されています。

これをもう少しわかりやすい力の単位に変換すると、約1343kgf（重量キログラム）。つまりこのワニに噛まれると、一般的なセダン車の重さとほぼ変わらない、約1・3トンの力で押しつぶされることになります。

これだけでもすでにすごい数値ですが、計測された中で最大の咬合力を見せたのが、オスの全長4・6メートル（一般的な最大全長）のイリエワニです。この数値が1万6414N。換算すると、約1674kgf、つまり約1・7重量トンになります。

これらの数値をもとに、過去に実際に存在したであろう全長6・7メートルのイリエワニの咬合力を推測したところ、最大で約3500kgfとなることもわかりました。本気の力で噛まれれば、3・5重量トンの力がかかってくるわけですから、どんな獲物であれ、ぺちゃんこです。

また、約7300万年に絶滅したといわれる古代ワニのデイノスクス（推定全長11メートル、体重3450キロ）の咬合力も試算したところ、その力はなんと11重力トン。恐竜を襲って食べていたというのも納得の咬合力ですね。

ここで参考までにあげておくと、肉食哺乳類《ほにゅうるい》最強の咬合力を誇ると言われるハイエナは約460kgfで、私たち現代人の成人男性は奥歯で約120kgfだそうです。

ちなみに、この研究で計測された中で一番咬合力が弱かった種は、全長1・3メートルあまりのコビトカイマンで、約92kgf。これだと、意外にも人間のあごの力のほうが強いことになります。ワニ類は種により体の大きさも全然違うので、その咬合力もまた種により千差万別ということがよくわかります。

噛む力よりさらに恐ろしいワニの歯圧

ワニ類の咬合力を計測した前述の論文がおもしろいのは、歯圧（ワニが何かを噛んだ瞬間に歯の一本一本から伝わる力）も計算しているところです。

この歯圧を計るために、研究者らは咬合力の計測をしたワニの歯から型を取って、実寸サイズの義歯を作りました。それらを正しく計算した角度から粘土にめり込ませて、入れ歯のようなものを作ったのです。そして、1ミリの深さの所で、先端の断面の面積を計測して、そこにかかる咬合力を歯圧として計算しました。

どの種も上あごの犬歯と臼歯《きゅうし》（奥歯）に相当する部分で最も大きい歯（イリエワニなら前から9番目と14番目）で測定されました。

結果は、前述の全長4・6メートルのイリエワニで、犬歯の最大歯圧が１３４３メガパスカル、臼歯で２４７３メガパスカルという数値が出ています。これを1平方センチメートルにかかる圧力に直すと、それぞれ約13・7重量トン、25・2重量トンという驚異的な数字になります。

これらの力はどんな動物の骨の強度よりもはるかに高いので、大型のワニがまるでせんべいやピーナッツを食べるかのように、大きなカメの甲羅やノブタの頭蓋骨をボリボリと難なく噛み砕いてしまうのも納得がいきますね。

ちなみにほかの研究によると、噛みついた最初の歯圧は、実際はこれらの数値より低いとのことです。ワニが獲物に噛みつく時、最初は30パーセント以下の力で噛んで、その後に70～１００パーセントの力で噛みつぶすためです。

Q 指は何本あるんですか？

A 前足は5本、後ろ足は4本。数が違います

ワニには何本の指があるのか？　じつは、前足には5本の指がありますが、後ろ足には小指がなく、片足の指は4本ずつしかありません。正確には小指の名ごりの骨が足の甲内にあるのですが、外見からはわかりません。

どのワニ種にも共通して、後ろ足の指の間には水かきが付いています。これはワニが浅瀬や低速で泳ぐ時には尾以外にも後ろ足を使うからです。

また、水深の深い所でも、立った状態のまま浮かんでいる時などにこの水かきのついた足が役立ちます。そして、深い所で速く泳ぐ時には両手両足を胴体にピッタリとつけて、左右にうねる尾の力だけで進みます。

一方、前足はというと種によって多少の違いはありますが、指間には水かきがほとんどないか、小さいままです。泳ぐ時に前足はほとんど使わないためです。

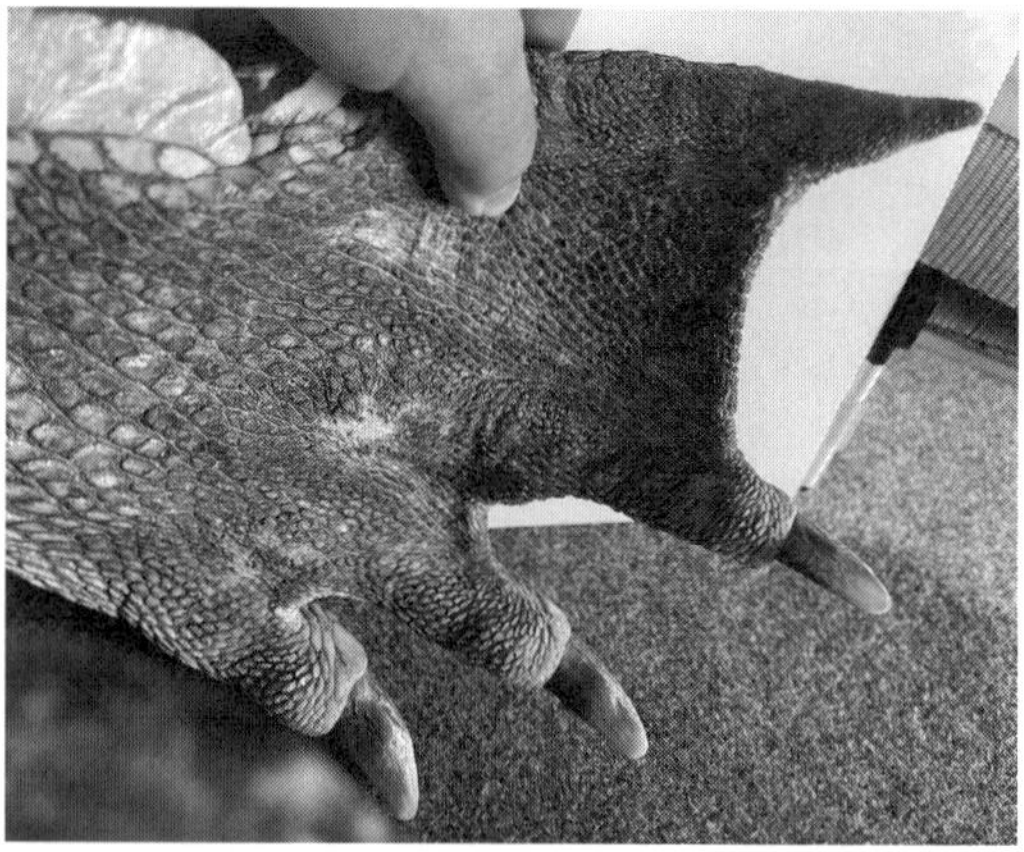

イリエワニの足の裏。中指と薬指の間には大きく発達した水かきがついている。

ワニの手足は意外と長い

ワニの手足は胴体と尾に比べてとても短く小さいイメージがありますが、前足には私たちのものと大差ない肩甲骨《けんこうこつ》（肩）とひじ、後ろ足には骨盤《こつばん》とひざがあります。

地上では前足より後ろ足により体重がかかるので、大腿筋《だいたいきん》と大腿骨《だいたいこつ》がよく発達しています。

体型と姿勢の都合上、折り曲げていることが多い手足ですが、まっすぐ伸ばすと意外に長いことに驚かされます。ちなみにワニは頭を掻《か》く時、犬のように後ろ足を使って器用に掻きます。

Q ワニの手足には爪がないって本当？

A 薬指と小指には爪がありません

「ワニの手や足の指には爪がない」と聞いたことがある人もいるかもしれません。

これは半分正解で、半分不正解です。というのも、ワニの手足の親指と人差し指、さらに中指の3本にだけは爪があるからです。薬指と小指には爪はなく、とがった指先まで小さなうろこでおおわれています。


ワニの爪は私たちのものと同じく、ケラチンからできています。ただ、指先の上部だけを守っているのではなく、円錐状の爪が指先全体をおおっています。裁縫用《さいほうよう》の指キャップや小さな指人形をはめた状態といえばわかりやすいでしょうか。

大型個体でもケラチンの層はさほど厚くありません。ワニの爪も少しずつ伸びていきますが、歩く時に地面や水底に擦《す》れて削《けず》られるので伸び過ぎることはないようです。

ワニの手指

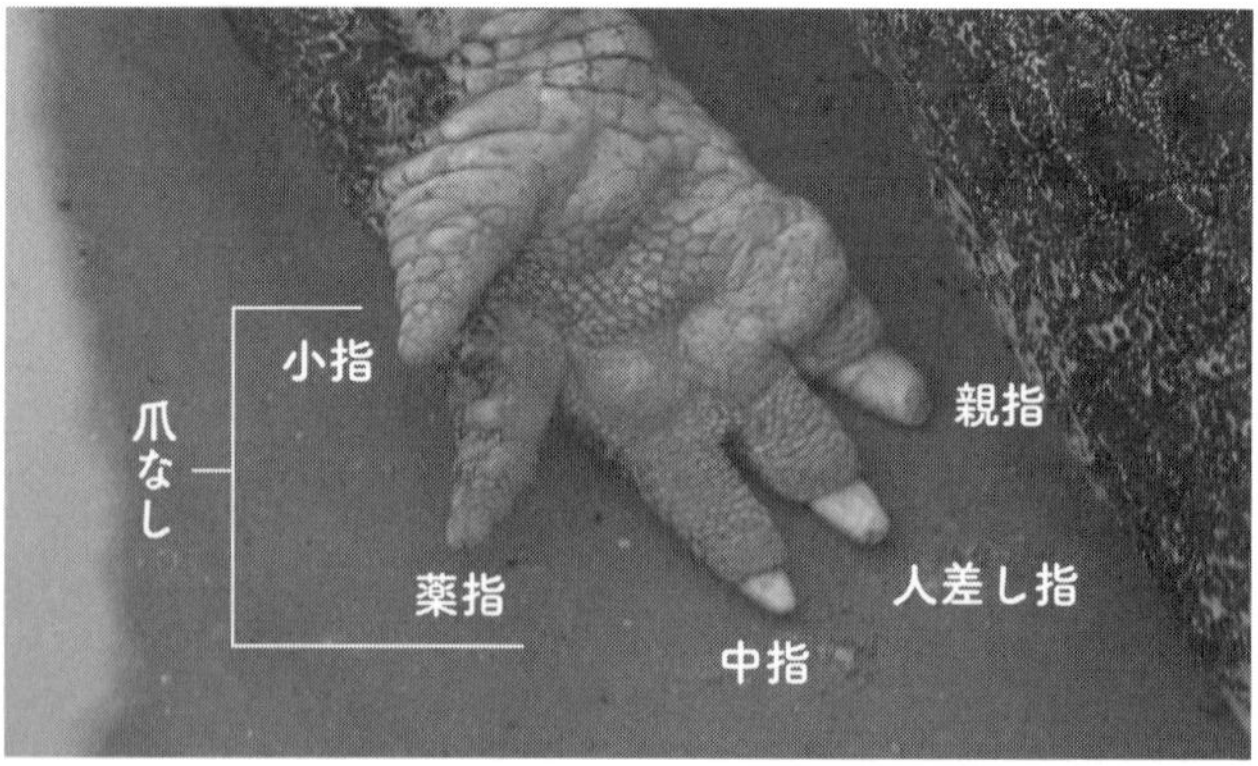

ワニの前足は５本指だが、薬指と小指には爪がない。手のひらには手相のようなしわが入っている。

足の裏

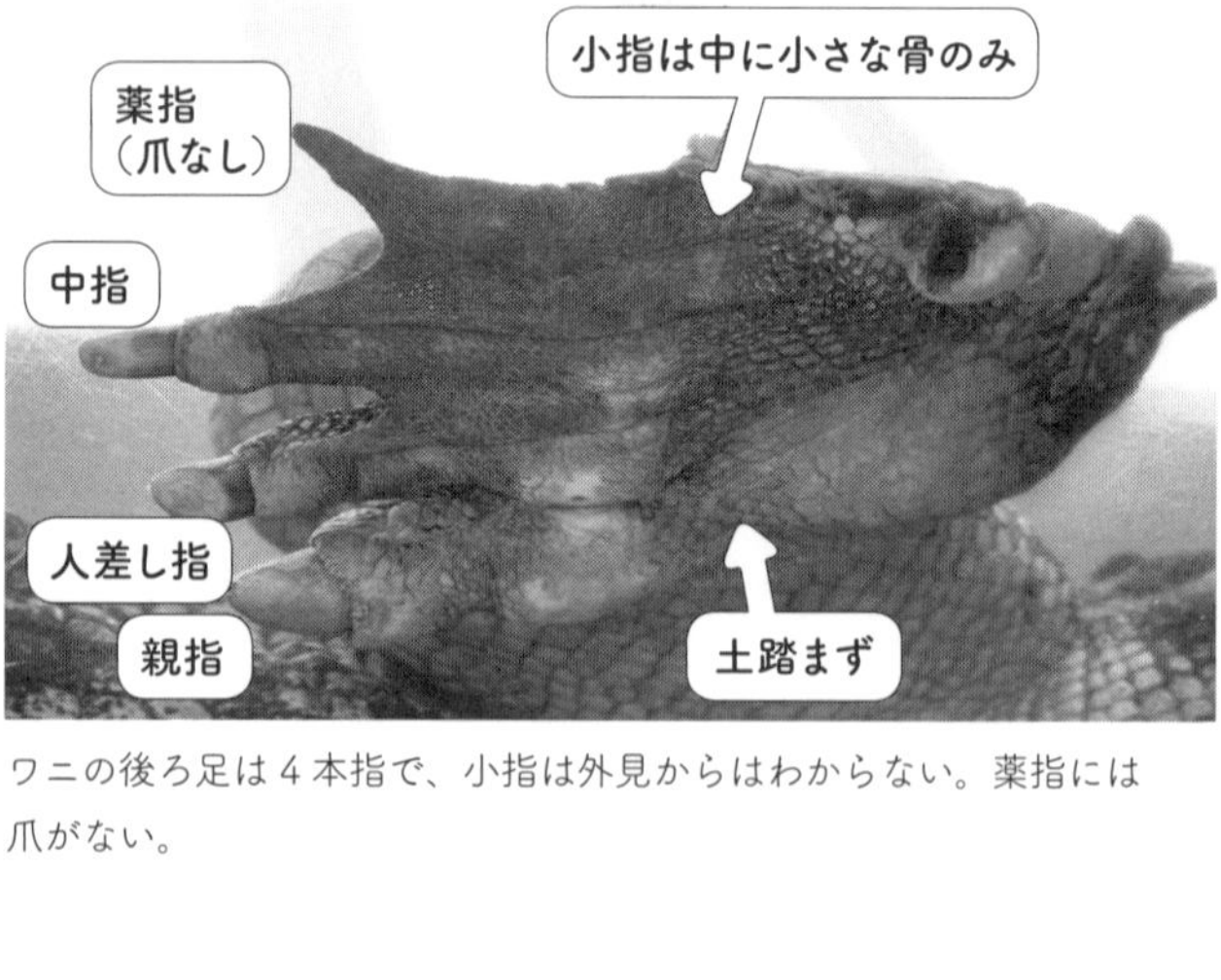

ワニの後ろ足は４本指で、小指は外見からはわからない。薬指には爪がない。

Q　ワニの目はどのくらい見えるんですか？

A　とても広いワニの視野。前方なら立体視もできます

みなさんはワニの目をまじまじと見たことがあるでしょうか。ワニの頭を横から見ると、目と耳は頭の一番高いところについているのがわかります。これは水面から目と耳のある頭上部と口吻の先の鼻だけを出し、獲物に気づかれることなく陸上の様子をうかがうためです。

そして、ワニの視野はとても広く、260度前後あります。人間の視野が180から200度と言われていますから、ワニは両目を開けている時は真後ろ以外すべて見えているというわけです。

ただし、視界が広い分、ワニの両眼視野（左右の視野が前方で重なり合う部分）は25度前後しかなく、人間の120度よりかなりせまくなっています。これは、ワニが物を立体的に見ることのできる両眼視野よりも、より広範囲を見渡せることを優先した顔の

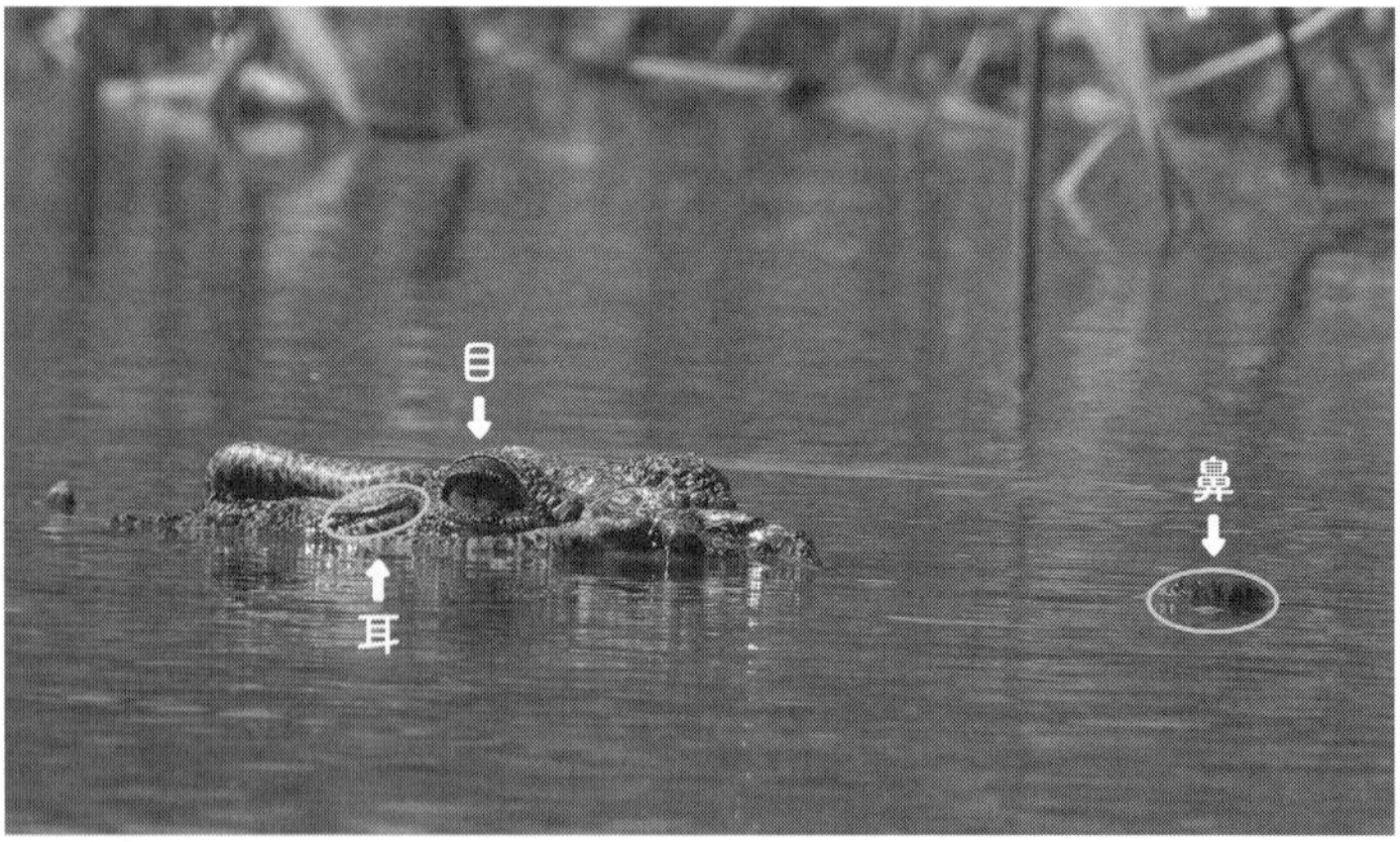

水面から頭の上部と鼻先だけ出して、周囲をうかがうイリエワニ。

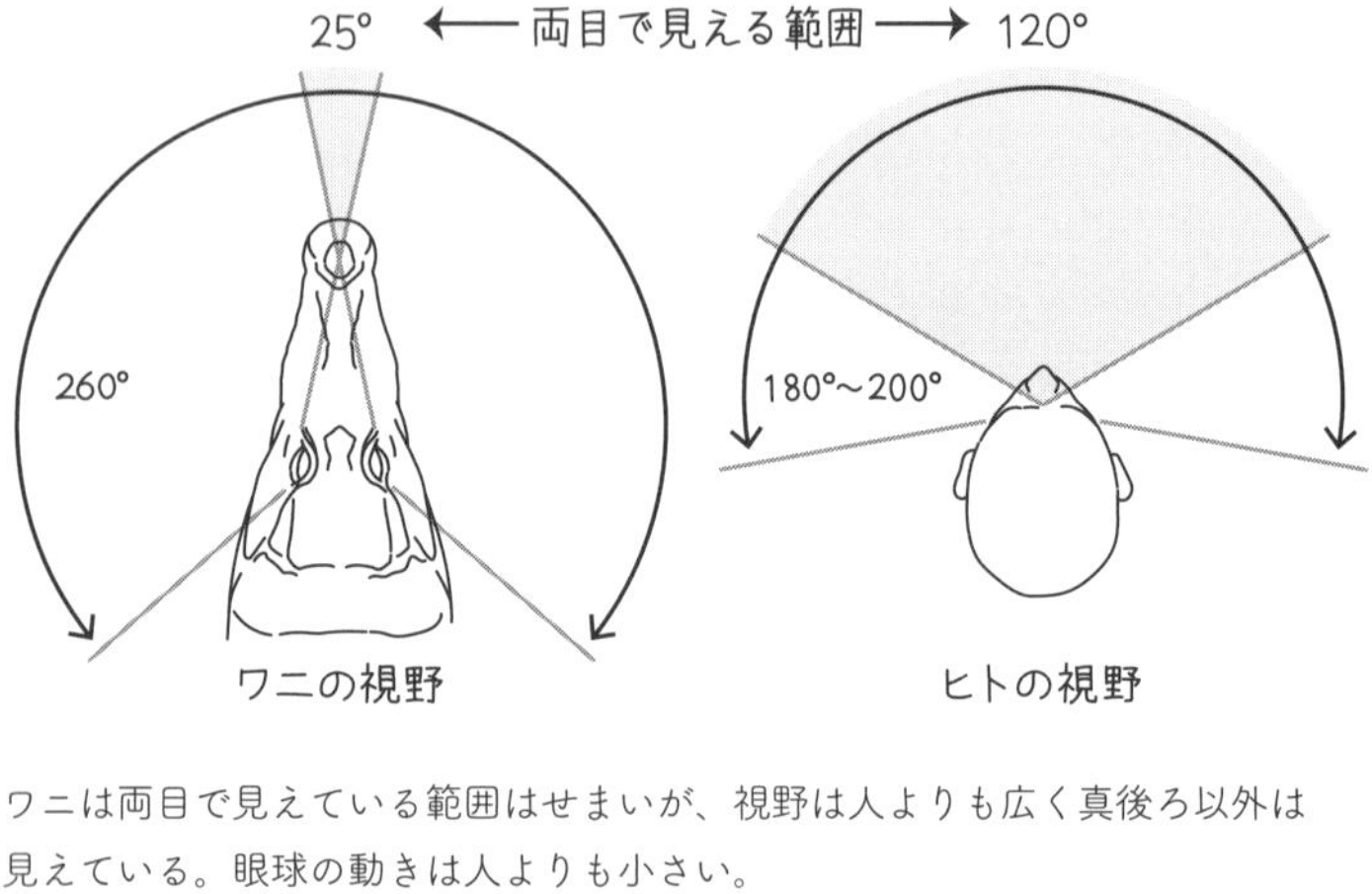

ワニは両目で見えている範囲はせまいが、視野は人よりも広く真後ろ以外は見えている。眼球の動きは人よりも小さい。

つくりになっているからです。

ワニの捕食戦略はまず広い視界で獲物を見つけ、水面下を静かに近づきます。その後、正面の両眼視界により獲物との距離を正確に測ってから不意打ちに噛みつきます。広範囲の視界とせまい両眼視界を効率よく使っているのです。

第3のまぶた「瞬膜《しゅんまく》」

ワニの目はとてもよく発達していて、視力が良いのはもちろん、ほかの多くの爬虫類《はちゅうるい》と同じくカラーで見えている上に暗闇《くらやみ》でもよく見えます。さらには水中でも、瞬膜というほぼ透明の膜で水中眼鏡のように目を守りながら見ることができます。

この瞬膜は多くの爬虫類やほとんどの鳥類、さらにはいくつかの哺乳類にも見られる半透明の膜で、外まぶたと眼球の間にあり自由に開閉できます。外まぶたは上下に開閉しますが、この瞬膜は目頭から目じりに左右に開閉します。ワニの場合は地上よりも水中で使うことが圧倒的に多く、外界から眼球を守っています。

ただし、ワニは水中でも見えているとは言っても、私たちがゴーグルをして水中にもぐっている時のように地上の時ほどは見えておらず、当然、水が濁《にご》っていればその分、視界も悪くなるのは同じようです。

◎夜も見えるワニの目

また、ワニの目の色は種によって違います。イリエワニの目は明るい黄色か金色のように見えるのに対して、アリゲーターや多くのカイマン種は、黒かったり赤茶けた目の色をしています。これは遺伝によって決まる虹彩《こうさい》の色の違いです。私たち人間の目が茶色かったり、青かったり、灰色だったりするのと同じ仕組みです。

ワニの目は暗闇でもよく見えると述べましたが、それには多くの夜行性動物と同じく、その目に秘密があります。ワニの目をよく見ると、黒目が縦に細長い「猫目」になっているのに気がつくのではないでしょうか。構造はまさにネコと同じで、虹彩と呼ばれる瞳の外周部分が広がったり細まったりして瞳孔《どうこう》の大きさを調節しています。

明るい日中は光が眼球内に入り過ぎないように瞳孔を閉じて、黒目は縦の細い線状になります。これが夜にはより多くの光を取り込むために、大きく開いて丸い黒目になるわけです。

暗闇の中を見るには瞳孔を広げるだけでなく、眼球内の網膜のすぐ裏にある「輝板《きばん》」が不可欠です。この輝板はその名のごとく、夜に眼球内に入ってきた少ない光を鏡のように

ワニは、日中はネコの目のように瞳孔が縦に閉じて細くなっている。瞳孔の周りは虹彩で、種によって色が違う。

反射させ、増幅する役割を持っています。

残念ながら人間にはありませんが、ワニをはじめ夜目《よめ》の利く多くの動物が持っています。夜にこれらの動物の目が光って見えるのは、この輝板が反射しているためです（口絵写真⑩参照）。

ワニの目は夜にライトで照らすと濃いピンク色に光ってとても目立ちます。このため本来保護色であるワニを見つけるのは明るい昼間より暗い夜のほうがずっとかんたんです。車のヘッドライトのような強い懐中電灯を使うと、数百メートル先にいる全長わずか30センチのワニの子どもさえも見つけることができます。

皮肉にも過去の乱獲時代には、この「反射する目」によって多くのワニがハンターに見つかり、絶滅寸前にまで狩られてしまいました。オーストラリアのノーザンテリトリーでは、乱獲終了後の今でも、このライトを利用した方法でワニの調査が50年近くにわたって続けられています。

余談ですが、夜にフラッシュをたいて写真を撮ると、人間の目がワニのように赤く光って写ることがあります。これはワニのように輝板が光っているわけではなく、瞳孔の奥の網膜内の毛細血管が写り込んでいるためです。

Q ワニもやっぱり、鼻で呼吸してるんですよね？

A そうです。鼻は筋肉におおわれていて、自由に開閉できます。

ワニの鼻の穴は私たちと同じ2つですが、筋肉におおわれていて，自由に開閉できるのが特徴です。呼吸はほぼすべて鼻でしますが、当然、水に潜っている時は呼吸ができないので、鼻の穴はぴたりと閉じています。ただし、少々の量であれば鼻に水が入ってても、クジラの潮吹きのように鼻からプシューッと噴き出して排出します。

ワニの鼻はほとんどの爬虫類と違って、内膜にいわゆる鼻水が出る腺があったり、哺乳類のように鼻腔《びくう》と口腔《こうくう》が完全に分かれていたり、比較的複雑な構造をしています。ただし、鳥類や一部の霊長類と同じく、トカゲやヘビのようなヤコブソン器官がないので、鼻腔以外で匂いをかぐことができません（ワニやカメ以外の爬虫類は口中のヤコブソン器官を使って鼻以外でも匂いが感知できます）。

しかしながらワニは脳内の匂いを感じる箇所が発達しており、嗅覚は鋭いと言われて

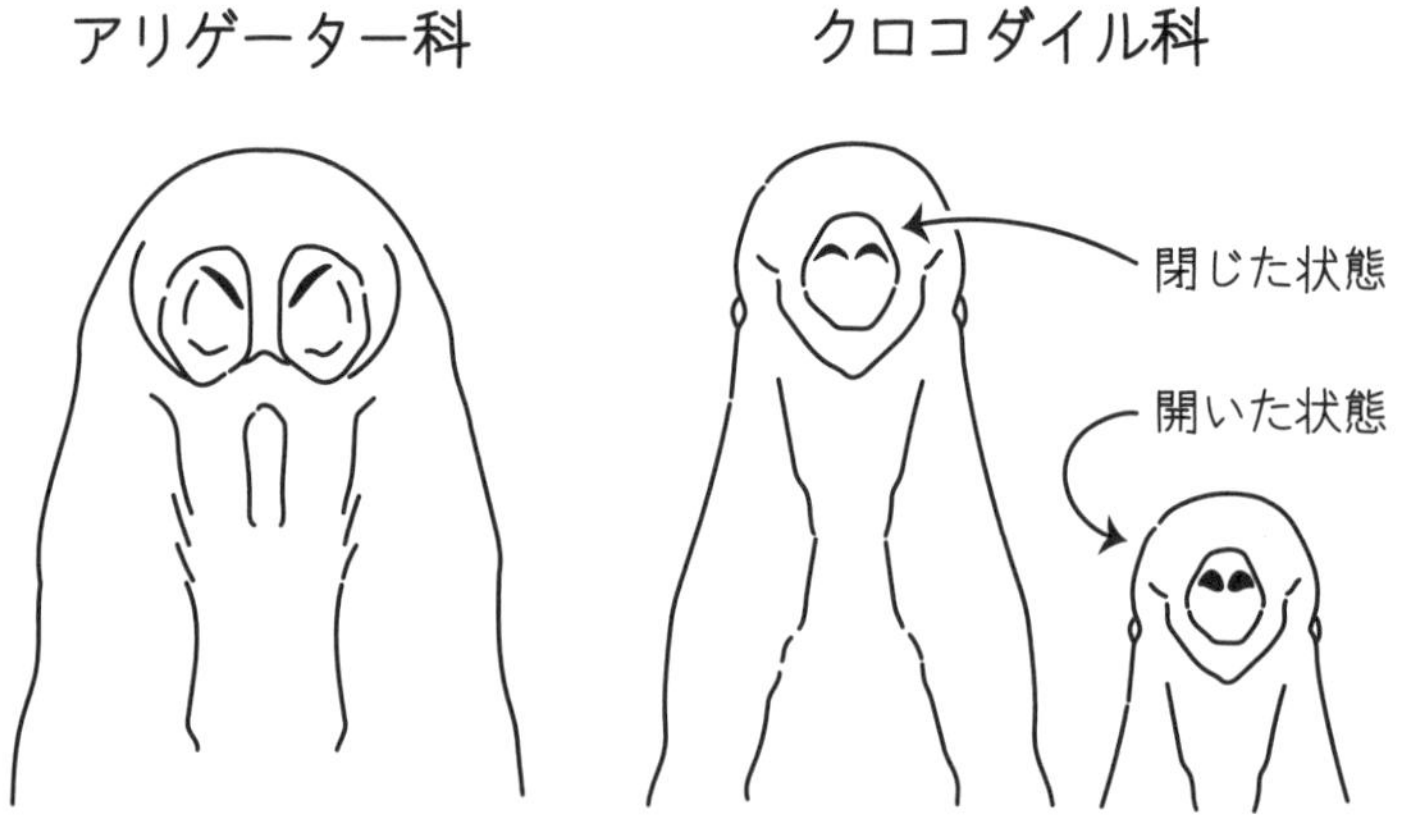

ワニの鼻は科によって形が違うが、どの種でも鼻の穴を自在に開閉できる。水中では完全に閉じている。

います。その嗅覚は、何百メートルも離れた地上の動物の死骸をいとも簡単に察知したり、エサを見つけるのに役立っています。水中では鼻の穴は閉じているので匂いは嗅げません。

また、ワニ同士のフェロモンなども敏感に嗅ぎとって、自分の縄張りを主張したり、繁殖期には相手にアピールしたりと高度なコミュニケーションをしているとも考えられています。

Q 耳に水が入ったりしないの？

A 耳殻が水の進入を防ぐふたのようになっています

ワニは音に対しても非常に敏感で、地上では多くの鳥類や哺乳類よりもよく音が聞こえているというデータが発表されています。中周波音が一番よく聞こえているのはほかの動物と同じですが、おとなのワニの鳴き声（うなり声）でもよく聞かれる低周波音を聞き取るのに優《すぐ》れているのが特徴です。

人間の耳は30ヘルツ以下の音を聞き取ることはできませんが、ワニは20ヘルツくらいまでは問題なく聞き取れるようです。

ワニの中でも最もよく鳴くといわれているミシシッピワニは、他個体の鳴き声が地上なら約150メートル、水中だとなんと1・5キロ先からでも聞こえるとする研究結果もあります。ワニは水陸両方で耳がよく聞こえる数少ない動物のひとつといえます。

なお水中では、鼓膜よりも頭蓋骨に響く振動を音として聞き取っています。これは最近ジョギングをしている人たちがよく利用している耳をふさがない骨伝導《こつでんどう》イヤホンと同じしくみです。

高機能な耳のしくみ

ワニの耳の構造は外耳《がいじ》と中耳《ちゅうじ》、そして内耳《ないじ》に分かれていて大まかには人間と同じですが、内部の構造は鳥類の耳とよく似ているといわれます。

ただ、発達した耳介《じかい》（耳の外側に出た部分。耳殻《じかく》）を持つのは鳥類よりも哺乳類に似ていて、爬虫類で耳殻を持つのはワニ類だけです。ワニの耳殻は上から閉じるふたのようになっていて、耳の穴と鼓膜を守っています。

外耳はふだん完全には閉じておらず、目のすぐ横の部分に細いすき間が開いています（左ページ写真参照）。

この耳介は筋肉で動かせるので、鼓膜に通じるすき間の大きさを調節できます。空気の振動である音はこのすき間から外耳に入って、鼓膜に届きます。鼓膜の振動はさらに内側の中耳を通って、内耳内の聴神経に伝わります。

私たちの耳と同じく、内耳には音だけでなく体の向きや平衡を感知する重要な器官が

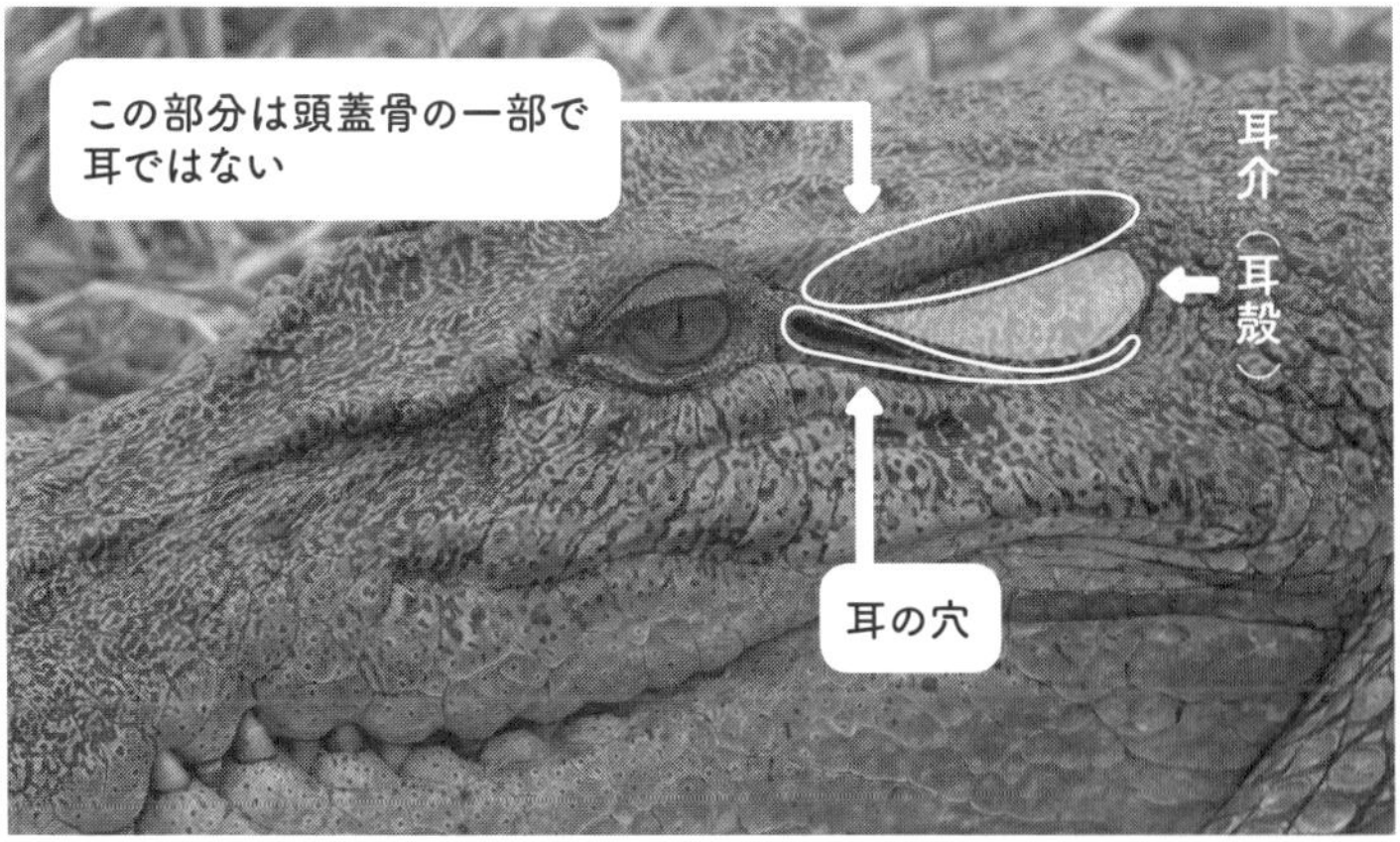

ワニの耳の穴は横に入った切れ込みのようになっているが、ふだんは目頭側の部分だけが開いていて、後頭部寄りの部分は耳介によって閉じている。

あり、ワニの場合は特に優れているといわれています。

今後の研究待ちですが、ワニはその内耳で地球の磁場も感じ取っているのではないかと考えられているのです。第3章で詳述しますが、ワニには多くの渡り鳥やウミガメと同じく磁場を感じることによって、行ったことのない初めての場所からでも元の場所に戻ってこられるのではないかと考えられています。

Q ワニはどんな声で鳴きますか？

A 小さいころは「キャッキャッ」と高い声で鳴き、大きくなると低い声で唸《うな》ります

ワニはハッキリとした声で鳴く数少ない爬虫類のひとつです。

卵から孵化する時は、巣の中からすでに鳴きだします。ワニの赤ちゃんは「キャッキャッ」というか「キュッキュッ」というような独特の高い声で短く鳴きます。特に外敵に襲われそうになったり、何かに驚いた時によく鳴きます。

大きくなるにつれて、ワニの声は低くなっていき、おとなになると唸《うな》り声のような重低音になります。

おとなのワニはめったに鳴きませんが、ケンカする時に地鳴りのように唸って威嚇《いかく》したり、繁殖期に短いゲップのような声をくり返し上げて相手にアピールしたりとさまざまなコミュニケーションをしていると考えられています。

私もまれに船でワニに近づきすぎてしまって、「バウッ」と低い声で威嚇されること

があります。イリエワニもジョンストンワニも大型個体は似たような低い声を出します。

２０２０年に日本人を含む研究者たちが、ヨウスコウワニにヘリウムガスを吸わせて声が変わることを発見して、イグノーベル賞をもらったと話題になりました。これはワニも私たち人間や鳥類と同じく、声帯から発せられた空気の震えをのどから唇までの声道で共鳴させることによって声を出していることを確認した、じつに興味深い発見です。

Q うろこの上にある黒い点々はなんですか？

A 超高感度の外皮感覚器です

目、鼻、耳、舌と数あるワニの感覚器の中でも、最も優れているのは外皮感覚器《がいひかんかくき》だといわれています。外皮感覚器はその名のとおり、ワニの外皮上にある小さな点状の感覚器で、うろこの上にあり、ドーム状に少し膨らんでいます。

ワニの外皮の下にはほかの脊椎動物と同じく神経網が張りめぐらされていて、触感、圧力、振動などを感じることができますが、枝分かれした神経の末端が集まっているこの黒点（外皮感覚器）によってさらに鋭敏に感知されます。

この外皮感覚器はワニの全種に見られ、その機能に違いはないといわれていますが、点在する場所が異なります。

カイマンを含むアリゲーター科は顔を含む頭部にしかなく、ガビアル科とクロコダイル科は全身にあります。なお、頭部の外皮感覚器は、体の外皮感覚器よりも感覚が鋭いことが、近年の研究でわかっています。

頭部にある外皮感覚器は、ワニの最大の武器ともいえる口の周辺や口中に集中しています。特に歯ぐきに当たる部分には非常に多く、通常うろこ1枚につき1つしかない外皮感覚器が、10個近くあります。これは超強力なワニのあごが、同時に非常に繊細かつ鋭敏な感覚を持っていることを意味します。

テレビなどで、ナイルワニのお母さんが巣の中の子ワニの孵化を手伝い、孵化後は口にくわえて水辺まで運んでいる場面を見たことがありますか。瞬時に何百キロという力で獲物を噛み砕ける強靭《きょうじん》なあごで、孵化が近づいた卵をやさしく口でくわえ、中の赤ちゃんを傷つけることなく、口中で転がしたり甘噛みしたりして子ワニを殻から出してあげることは本来至難のわざのはずです。それができるのも、口の周りや中にあるこの感覚器のおかげです。

ワニの外皮感覚器は霊長類の指先の感覚よりもずっと鋭敏、という研究者もいます。さらに口内の外皮感覚器は噛みついた物の材質や動きなども感知するので、それが食べ物かどうか、どのくらいの力で噛めばいいのかなどの的確な判別にも一役買っていると考えられています。

◎獲物の探知にも役立つ

外皮感覚器は水中や泥の中にいる獲物の探知にも役立っています。

以前に私はシンガポールで、潮の引いたマングローブの軟らかい泥に口先を突っこんで、執拗《しつよう》にグリグリと顔を左右に振っている若いイリエワニを見かけました。いったい何をやっているのだろうと不思議に思いましたが、すぐに泥の中に隠れているカニや小魚をこの外皮感覚器を使って探しているのだとわかりました。

ちなみに、頭部（顔）にある外皮感覚器は、そのほとんどが頭の側面にあります。これは水流や獲物が起こす水や泥の振動を敏感に感じ取るためと考えられています。多くの魚が体の両側面に持つ「側線《そくせん》」といわれる感覚器とよく似ています。このおかげでワニは目も鼻も利かない濁った水の中でも獲物の位置や大きさを察知し、捕らえることができるのです。

またミシシッピワニをはじめ多くの種で、交尾の前後にワニのつがいが顔の側面をほおずりするようにこすり合わせているのが報告されています。これは外皮感覚器を使った一種のコミュニケーションではないかと考えられ、また、ワニ同士がコミュニケーションで発する低周波音の感知にもこの外皮感覚が役立っているといわれています。

全身にある外皮感覚器の役目

ワニを含む爬虫類や両生類、さらには鳥類では生殖口と排泄口が総排泄腔《そうはいせつくう》と呼ばれる器官につながっています。排泄も交尾、産卵もすべて同じ穴でおこなうのです。

じつは外皮感覚器は性交時の刺激感知とも関連していると考えられています。頭部以外に外皮感覚器を持つガビアル科やクロコダイル科のワニには、その総排泄腔の周辺にも外皮感覚器が多くあるためです。

さらにワニの外皮感覚器は水質に重要な影響を及ぼす水素イオン指数（pH）や温度も敏感に感じ取っているのではないかとも考えられていますが、いずれも詳しいことはまだわかっておらず、今後の研究結果待ちです。

ちなみに以前は、水の塩分濃度や生物の出す微弱な電気刺激も外皮感覚器が感知しているのではないかと考えられていましたが、これは後年の研究により否定されています。また、頭部以外に外皮感覚器を持たないミシシッピワニの手足でもクロコダイル並みの触覚に対する鋭敏さを見せたという実験データも発表されており、さらなる研究が待たれます。

Q ワニにも味覚があるのでしょうか？

A 味を感知する味蕾があるので、味を感じているようです

ワニは舌の上をはじめ、口内に味を感知する味蕾《みらい》が数多くあるので、味をちゃんと感じているのは間違いなさそうです。味覚は口に入れたものが食べられるか否かを判断するのに役立っていると考えられています。

ワニは動物の死骸も食べる腐肉食者（スカベンジャー）の顔も持っていますが、腐敗した肉よりも新鮮な肉のほうを好むという観察結果が多く報告されています。このことからも、「ワニは獲物を捕らえても、わざと腐らせて後で食べるために隠しておく」という昔からよくいわれる言い伝えは事実ではないと考えられています。実際には、食べきれなかった大きな獲物を、数日して腐敗した後もまた食べていたというところではないかと思われます。

また、これもまだ立証されていませんが、ワニは水質を味覚で判断しているのではな

いかと考える研究者もいます。たしかにオーストラリアのイリエワニはカルシウムやマグネシウムなどのミネラル成分の高い内陸部の地下水（硬水）を敏感に察知して避けているとと思われるふしがあり、今後の研究が待たれます。

Q ワニはなぜ感染症にならないのですか？

A 驚異的な免疫を持っているからです

ワニに噛まれると感染症が怖いと先述しましたが、ワニのほうはケガをしても感染症にはかかりにくいといわれています。川の水や泥には多種多様のいわゆる「ばい菌」が多くいるはずなのに、なぜ感染症にならないのでしょうか。

これはワニが強い免疫力を持っているためです。ワニの免疫力は非常に高く、ワニ同士のケンカで手や足が噛みちぎられてしまうような大ケガを負った場合でも感染症にもならず、治ってしまう個体が多くいます。もちろん、一度ちぎれてしまった手足が再び生えてくることはありません（ケガの再生は、第3章で詳述）が、傷口から病原菌が入って化膿《かのう》することはあまりありません。

野外でワニを観察していると、たまに手や足が根元からなくなっているイリエワニの大型個体を見かけることがあります。

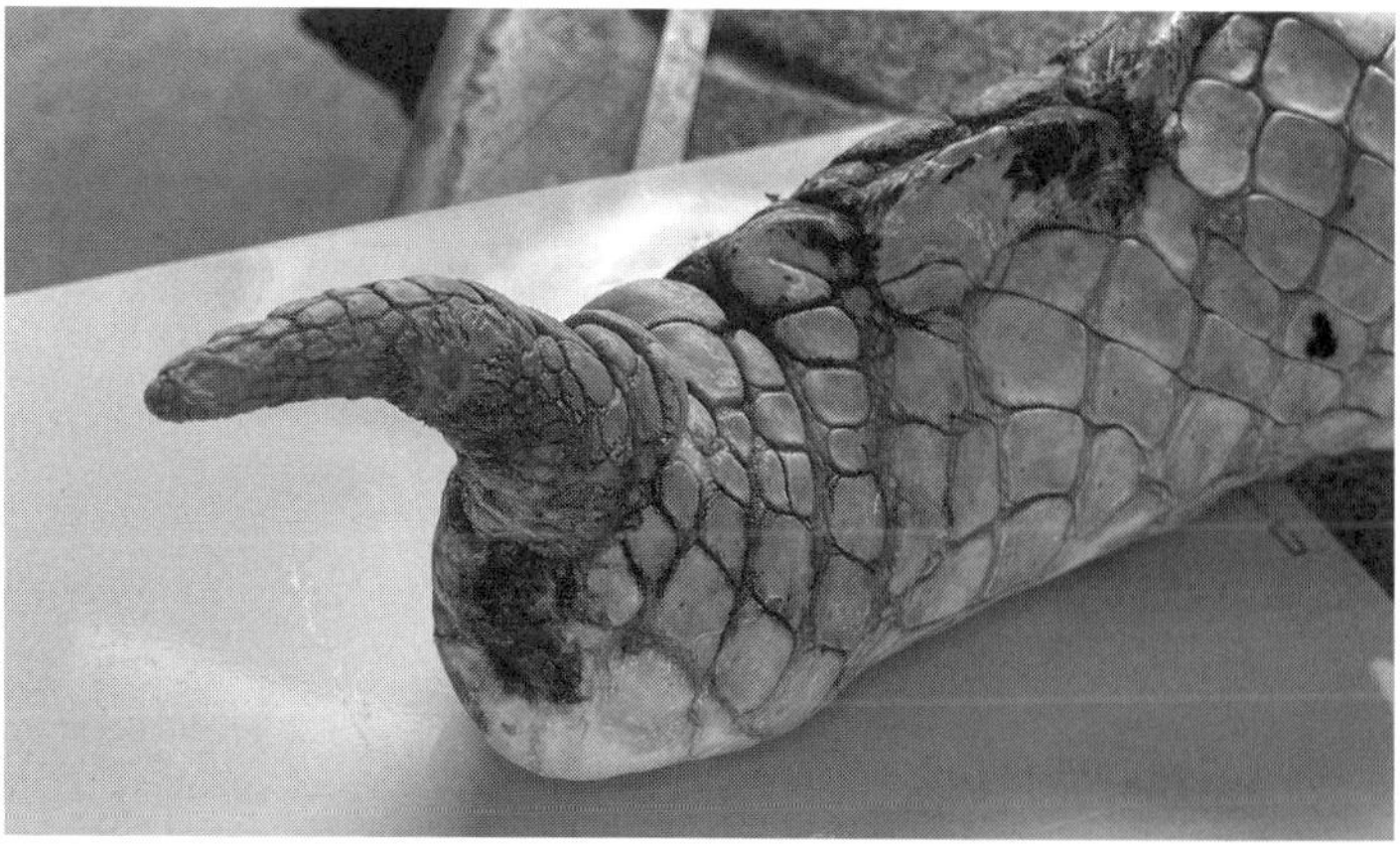

小指だけを残して欠損してしまったイリエワニの左手。ほかの個体に噛まれてちぎられてしまったと思われるが、傷は完治している。

比較的まだ新しいと思われる傷は痛々しいものの、もう何年も経っていると思われる傷はどこに傷口があったのかもわからないくらいに、きれいにふさがっています。

ワニの血からできる魔法の薬？

2000年代初頭からアメリカで続くミシシッピワニの免疫の研究では、血液内の白血球細胞から取り出した数種のアミノ酸やタンパク質が多くの病原菌を死滅させたという実験結果が発表されています。なかにはごく少量で、抗生物質に耐性を持ったバクテリアまで撃退した強力なものもあったとのことです。

これらの物質は、近い将来、人間にも効く新たな抗生薬の開発につながるとして現在さかんに研究されています。

もしワニの血から新しい薬ができれば、糖尿病やエイズなどの疾患で免疫の低下してしまった人や深刻な火傷《やけど》を負った人、さらには移植手術を受けて免疫力を意図的に下げざるを得ない人たちの感染症の治療に役立つのではないかと期待されています。

Q ワニは骨もめちゃくちゃ硬いんですよね？

A ワニの骨は石のように硬いです

ワニの骨は非常に硬く丈夫です。あるとき私は顕微鏡でワニの足の骨の断面を観察したくて、電動糸ノコギリで5ミリほどの厚さに切った骨片《こっぺん》を濃度10パーセント以下に薄めた硝酸《しょうさん》とクエン酸にそれぞれ漬けました。

ほかの動物の骨、たとえばディンゴと呼ばれるオーストラリアの野犬の頭蓋骨や家畜のウシの骨片ならば24時間も漬けると消しゴムのようにグニグニと軟らかくなりますが、そのワニの骨は3日漬けても、5日間漬けても硬いままでした。成体よりも軟らかいはずの若い個体のものだったにもかかわらず、です。

結局、7日経ってようやく顕微鏡スライドの薄さに切れるくらいの軟らかさになりましたが、研究を手伝ってくれていた獣医さんもこんなに硬い動物の骨は初めてだと舌を巻いていました。

なお、飼育下だとワニはカルシウム不足に陥《おちい》りやすく、養殖場などではエサにカルシウムのサプリメントを混ぜて与えられることが多いです。

硬いワニの骨でも、特に頭蓋骨は岩のようにゴツゴツとしていてとても頑丈です。これは大事な脳や感覚器官を守るためだけではなく、獲物に噛みついた時に、ワニ自身の強烈なあごの力に耐え、また食べられまいとする獲物の硬さに負けないためでもあります。

3メートル以上のワニであれば、厚く硬い外殻を持つドロガニやカメの甲羅もせんべいかスナック菓子のように難なく噛み砕いて食べてしまいます。またそういった硬い物をたとえ勢いよく噛んで歯が折れることはあっても、あごの骨を傷めることはありません。

オーストラリアではイリエワニがウミガメを捕食していたという報告が何件かあります。数年前にノーザンテリトリーにある国立公園で大きなウミガメの死体が見つかった時は、全長4・5メートルのワニが砂浜に上がってきて、甲羅までバリバリと噛み砕いて食べていた姿がレンジャーにより仕掛けられた定点カメラで観察されています。

余談ですが、ワニの石頭っぷりを物語る話を紹介しましょう。

ダーウィンのあるワニ園で、数人の従業員が全長5メートル近い大ワニを別の池に移す作業をしていました。そのワニの体重は500キロ以上あるので大変な大仕事です。

太いロープで口をぐるぐる巻きに縛られ、目隠しまでされたワニが古い池からどうにか引きずり出されました。と、その瞬間、ワニは不意に頭を上に持ち上げ横に振りました。すると、その頭はすぐ横にいた職員の顔にゴツンと当たってしまい、その人は後ろに数メートルふっ飛ばされたあげく脳震盪《のうしんとう》を起こし倒れてしまいました。

すぐに救急車で運ばれましたが、ワニの頭が当たったその人の顔面は眼底骨折《がんていこっせつ》していたそうです。

のちに無事回復した本人にその時のことを聞いてみたところ、「大きな岩で突然自分の顔面を殴られたような衝撃で、目から火花が散った瞬間、目の前が真っ暗になった。その後のことは何も覚えてなくて、気が付いたら病院のベッドの上だった」とのことです。

Q ワニはどのくらい速く泳げるんですか？

A 時速20キロで泳ぎます。泳いで逃げるのは、とうてい無理な速度です

ワニの泳ぐ速度は環境や個体の大きさによって変わってきますが、イリエワニなら全長2～3メートル程度、ジョンストンワニなら2メートル前後の若い中型個体が最も速く泳げるとされています。その最高速度は、時速20キロに達するほどです。

これは同程度の大きさのサメやイルカなどの半分以下の速度ですが、オリンピック男子200メートル自由形の金メダリストになったマイケル・フェルプス選手の最高記録で時速約7キロとのことなので、人間と比べると相当な速さです。ましてや平均的な成人だと時速3キロ程度なので、泳ぎでワニに勝てる見込みは万に一つもなさそうです。

ワニの尾の重要性

この泳ぎにかかせないのがワニの尾です。ワニの尾は非常に長く、全長のほぼ半分は尾が占めます。

長いだけでなく、脊髄《せきずい》からまっすぐ伸びた尾骨の周りを太い筋肉がしっかりと覆っていてとても強力です。ワニは、水の中でその太くたくましい尾を左右にくねらせることによって推進力を得て泳ぎます。

ゆっくりくねらせて、まるで水面のすぐ下を滑るように静かに泳ぐこともあれば、尾を激しく素早く動かして、水しぶきを立てながら目を見張る速さで泳ぐこともできます。

ワニが安定して泳いでいる時、手足は胴体と尾にぴったりとくっつけていてあまり使われることはありません。後ろ足にだけ付いている指の間の水かきは、泳ぎ始めの初動や水中での体勢や方向を変える時などに補助的に使われるだけです。

また、十分な水深のある所では、ワニは尾や手足を上手に使って水中で立っているような体勢になることもできますが、この体勢から尾を一気にくねらせて、水中から獲物や餌を狙ってジャンプすることもできます。

イリエワニの2～3メートル個体だと、水面から2メートルくらい跳び上がれます。自然ではあまりやりませんが、ワニ園などでは餌を空中に吊るしワニをジャンプさせるショーが多くの国でおこなわれています。このジャンプも強靭な尾の力によるものです。

尾がなくても生きられるのか？

では、もしこの尾がなくてもワニは生きていけるのでしょうか。

2020年にインド西部のグジャラートで捕まったメスのヌマワニの尾が、ほぼ根元から欠損していたという報告があります。もし完全な尾があれば、推定全長が3・2メートルで、メスのヌマワニとしてかなりの大型の個体です。

また、シンガポールには、地元の人々に「尾なし（Tailless）」と呼ばれ親しまれているイリエワニがいます。こちらはオスで、尾があればおそらく4メートルを超えているという大物です。

どちらも先天的な形成《けいせい》不全《ふぜん》によって、孵化した時から尾がなかったのではないかと考えられています。だとすると、どちらのワニもその大きさから言って、尾のない状態で30年以上は問題なく生きてきたということになります。

シンガポールの「尾なし」は、現在もスンガイ・ブロー湿地保護区という国立公園を干潮時に訪れれば、高い確率で誰でも遊歩道から安全に観察できます。不完全な尾で多少は遅くても、器用にマングローブの川を泳いでいる姿が見られます。

Q 長時間、水に潜れるのはどうしてですか？

A ワニの心臓は特別製。肺バイパスができる

ワニは長時間息継ぎなしで水に潜ることができます。野生のジョンストンワニが、息継ぎなしで2時間半潜ったという記録もあります。そのほか多くのワニ種で、大型個体ならば1時間程度は優に潜っていられるといわれています。

その理由は独特なつくりをしたワニの心臓にあります。ワニは爬虫類で唯一、鳥類や哺乳類と同じく完全に2心房2心室に分かれた心臓を持っているのです。

さらに、そのつくりはどの動物とも大きく異なります。109ページのイラストを見てください。まず、左の大動脈が左心室ではなく、右心室から肺動脈と並んで出ているのです(①)。右心室は体の各所を巡った後の二酸化炭素や老廃物を含んだ血液(静脈血)を、肺動脈を通じて肺に送り込みます。

しかし、ワニの左大動脈は、通常時右心室から静脈血が流れ込まないようになっています（②)。

では、左大動脈は肺からの酸素を含んだ血液（動脈血）をどこから調達するのかというと、左心室から出ている隣の右大動脈から受け取っています。左右の大動脈は右心室と左心室で派生している場所こそ違えども、その根元は隣同士に並んでいて、「パニッツァ孔《こう》」という小さな穴でつながっているのです。このパニッツァ孔によって、左大動脈は右大動脈から動脈血を受け取って体に流しているわけです（③）。

長時間水に潜る時はもっとすごい働きをする

ここまではワニがふつうに呼吸をしている時の血液の流れですが、おもしろいのはワニが長時間水に潜って息を止めた時です。なんと肺と体の各所の間で血液を流すポンプの役割をしている心臓が肺へ血液を送るのをやめてしまうのです。

そのしくみを解説しましょう。右心室から出ている肺動脈の根元には大きく発達した歯車状のギザギザの弁があります。呼吸を止めてしばらく経つと、この歯車状の弁が閉まって、肺動脈への静脈血の流れが止まります（④）。

右心室内で行き場のなくなった静脈血は左大動脈の入り口をこじ開け、左大動脈に流れ込みます（⑤）。左大動脈に流れ込んだ静脈血は、右大動脈よりパニッツァ孔を通って動脈血と混ざり合い（⑥）、再び各所に送られます。

こうやって、血液の循環が心臓から肺への流れをすっ飛ばしてしまうわけです。この

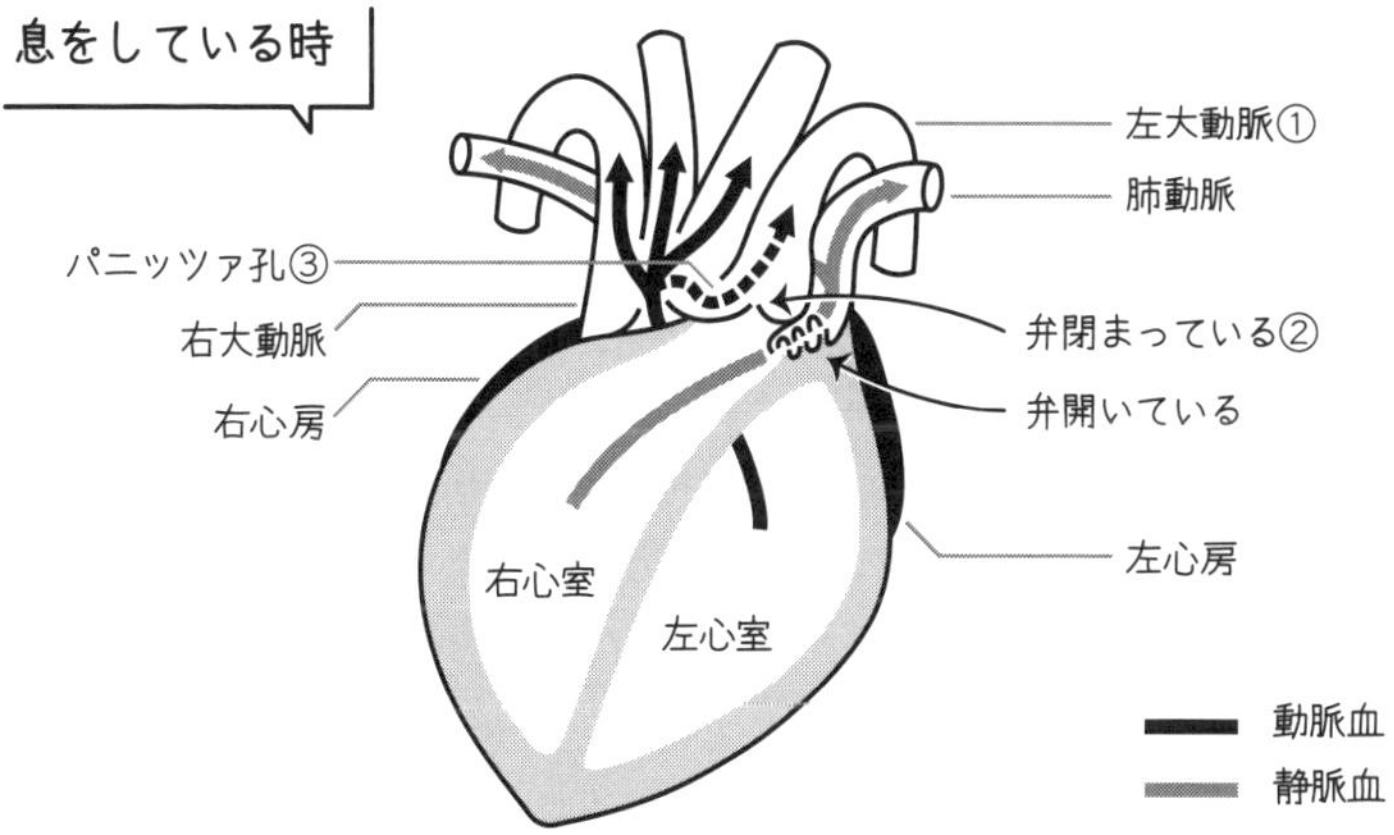

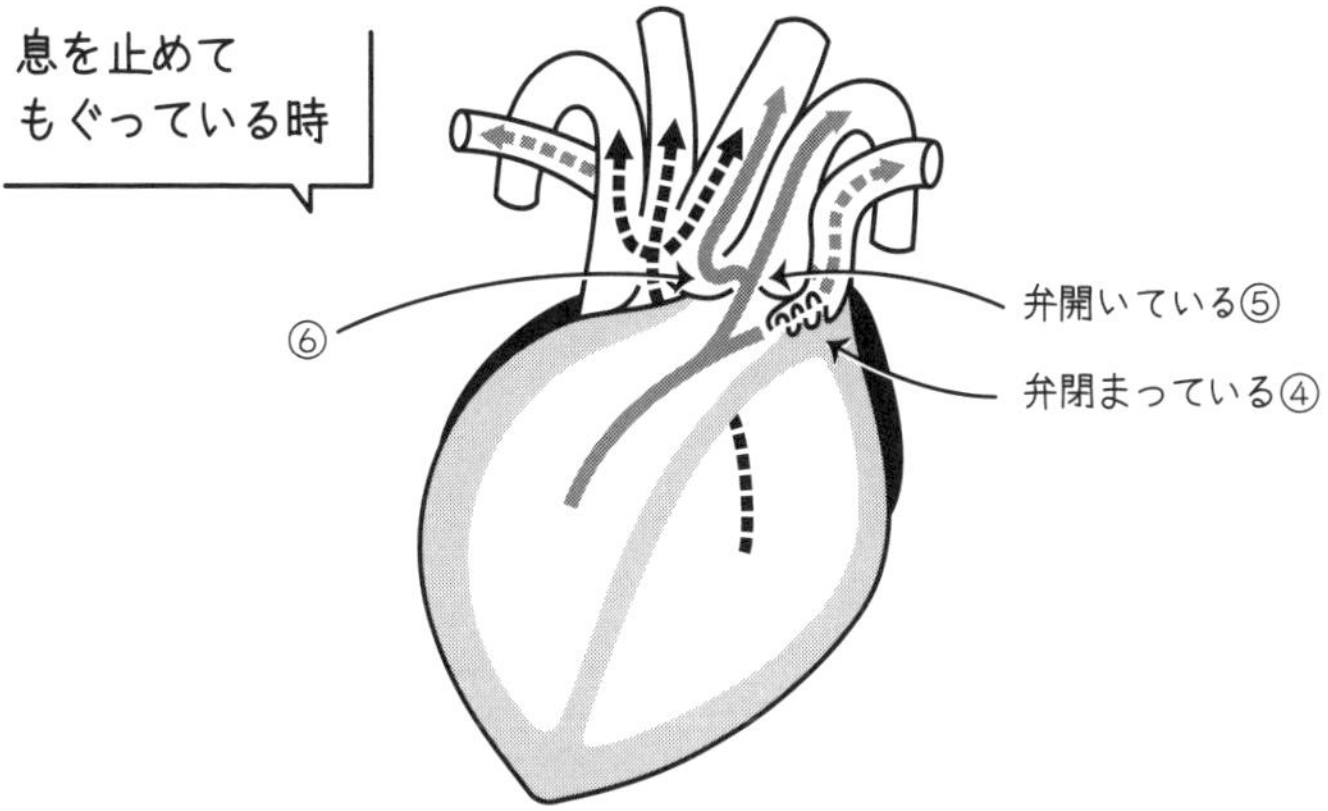

ワニの心臓は呼吸している時は他の動物と変わらない通常の血流だが、長時間呼吸を止めている時は肺バイパスが起きる。肺バイパス時はパニッツァ孔を通る血液の流れが逆転する。

血液の循環の変化は「肺バイパス」と呼ばれます。ちなみに生まれてすぐの個体は肺動脈の弁がまだ発達していないので、肺バイパスはできないといわれています。

なぜこんな摩訶不思議《まかふしぎ》な肺バイパスが、ワニの心臓で起きるのでしょうか。肺バイパス時、肺の中には最後の呼吸による酸素がまだ残っていて、少量ずつ動脈血となって左心室に送られています。この貴重な動脈血は右大動脈から生命の維持に最重要である脳に優先的に送られます。

一方、多量の酸素やエネルギー源を常時必要とはしない内臓や手足の筋肉には、その場しのぎとして静脈血と動脈血が混じったものが送られるわけです。

ワニは水中で長時間息を止めている時は底の方でジッとしているので、各部の骨格筋や消化器官などは供給される酸素が一時的に減っても問題はありません。こうして血液の流れを変えることによって、体の各部への酸素の供給量に優先順位をつけて、水に潜っていられる時間を長くしているのです。

ちなみに、長時間水に潜れるカメ類も心臓内の血流を変えることによって肺バイパスをおこないます。ですが、鳥類や哺乳類のような完全な心室壁を持った心臓の外で、各動脈を使って肺バイパスができる動物はワニ類だけです。独自の進化を遂げたワニの心臓、多くの研究者が「人間を含めたどの生物よりも洗練されている」と言うのもうなづけます。

Q 水面に見える頭のサイズから、全長の予想はできますか？

A だいたい7頭身をしています

ワニが泳いでいる時は、口先から後頭部までしか見えないこともしばしばですが、ワニの頭の長さから全長を推測できる方法があります。頭の長さ（口吻《こうふん》の先から後頭部の終わりまで）を7倍すると、だいたいの全長になります。

これは昔からオーストラリアでも知られていた方法なのですが、どの大きさのワニにも当てはまるのか、雌雄に差はないのかなど、詳しいことはわかっていませんでした。

そこで私は、ノーザンテリトリーで過去40年にわたって捕獲されたイリエワニのデータを分析してみました。その数、計２７５５頭で、最小全長０・38メートルから最大は５・03メートルまでありました。

これらの個体を平均すると、頭長の全長に対する比率は７・01。以前からいわれていたとおり、ワニはほぼ7頭身だったのです。

さらに、特に数の多かった全長120〜420センチのワニのデータを120〜149、150〜179と30センチごとに区切って、全長と頭長の比率を計算してみましたところ、その比率は6・7から7・1へと増加していくことがわかりました。これは、他の動物と同じく、子どものころは胴体に比べて頭が大きく、成長するにつれ、頭よりも胴体（と尾）の方が大きくなるということを意味します。

また、同じ大きさであれば、その頭身の比に性別の差はないこともわかりました。つまり、オスのほうがメスよりも頭でっかちだったりすることはないということです。

巨大ワニの頭身

ワニは基本的に7頭身ですが、全長5メートルを大きく超えるような大型個体には当てはまらないので注意が必要です。このような大型のワニの場合、頭長だけでなく、その幅や厚みなどのデータも考慮しなければ正確な全長は推定できないからです。

たとえば、フィリピンで捕らえられたイリエワニのロロンは、全長6・17メートル。頭長が70センチちょうどなので約8・8頭身です。さらにシンガポールの博物館で発見された巨大な頭蓋骨（第4章で詳述）は、ロロンと同じ頭長70センチにもかかわらず全長はなんと6・7メートル、9・5頭身という驚くべき数値でした。

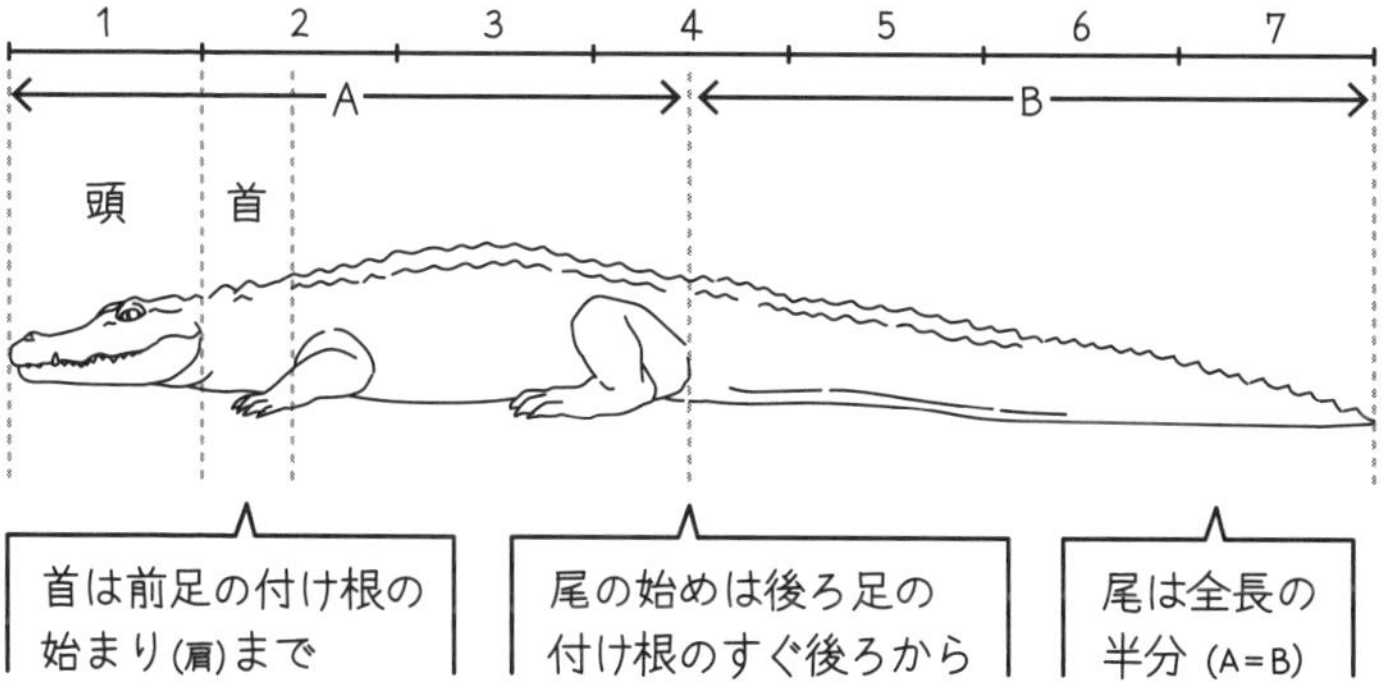

ワニの全長は頭の長さのおおよそ7倍。全長の半分は尾が占める。

これら超巨大ワニの頭身の比率の差は、頭の長さではなく幅に秘密があります。ロンの頭の最大幅は45センチだったのに対して、このシンガポールの頭蓋骨は52センチもありました。

つまり、超大型と言えるまでに成長したワニはまず頭長の伸びが止まり、その後は頭の幅と高さ（厚さ）だけが増していくのです。

ちなみに最近、日本の古生物研究者により、いわゆる背骨を形成する椎骨の長さからもワニの全長を推定する研究が発表されました。イリエワニだけでなく複数の種のデータにもとづいており、頭や全身の化石が完全な形でめったに見つかることのない古代のワニの全長の推定に役立つことが期待されています。

Q　ワニって長生きなんですか？

A　50年以上、なかには70年以上生きるワニもいます

ワニは基本的に長生きする動物ですが、正確な寿命は飼育下でも野生でもわかっていません。

ただ、ミシシッピワニとイリエワニで70年以上にわたって飼育された個体の記録がいくつかあります。さらに野生でも、アメリカのミシシッピワニの追跡調査では、多くの個体は50年以上生きていて、なかには70年以上生きていると思われる個体も複数いると報告されています。

100年以上生きる個体もいると考えている研究者もいますが、そのほかの断片的なデータも合わせて考えると、ワニの寿命はだいたい人間と同じくらいではないかといわれています。

また、オーストラリアのイリエワニでは、全長約5・5メートルの野生個体の大腿骨《だいたいこつ》

を調べたところ、少なくとも65以上の年輪があったという報告もあります。この骨の年輪を数える方法は、木の切り株の年輪を数えるのと同じ要領ですが、おとなのワニは古い年輪が骨の内部で失われてしまうため、子ども以外の年齢はだいたいしかわかりません。

近い将来、さらに精度の高い年齢測定の方法が見つかって、ワニ各種の正確な寿命がわかる日が来るかも知れません。

Q ワニは死ぬまで成長し続けるって本当ですか？

A 成長は歳とともに低下し、やがて止まります

「ワニは死ぬまで成長し続ける」という説が古くからありますが、近年の研究よりこれは否定されています。正確に言うと、ワニはほかの動物よりも成長が止まるのが遅く、ある程度歳をとっても成長し続けるが、その成長速度は年齢とともにドンドンと低下し、最終的にはほぼゼロになるというものです。

現在、オーストラリアのカカドゥ国立公園で私たちがおこなっているイリエワニの追跡調査では、生まれてすぐのころは、1年で25センチほど全長が伸びます。その後、10代で年10センチ程度、20代で5センチ以下になり、30〜40代で年1センチ以下、最終的には平均的なオスだと全長4・6メートル前後で成長が止まるという結果が出ています。

現生ワニ類で最大といわれるイリエワニが4・6メートルで成長が止まるのなら、前述の6メートルを超えていたロロンやその他の巨大ワニはどうやって成長したのかとい

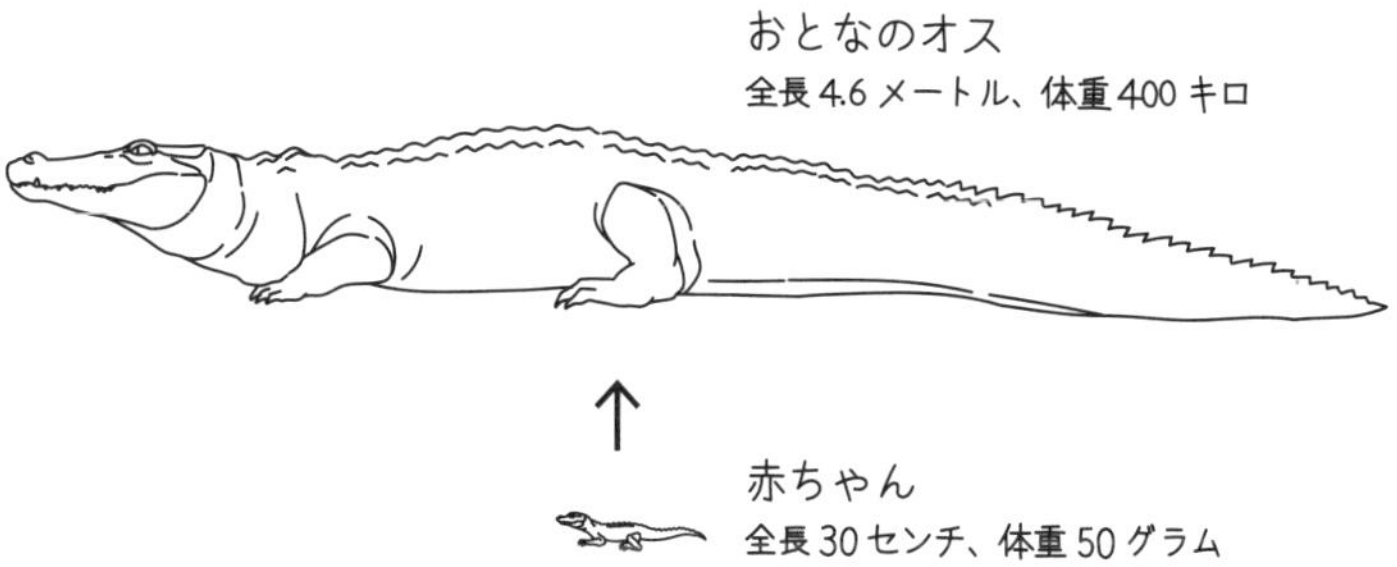

イリエワニの体重は全長の成長とともに加速度的に増加する。一般的なオスの最大全長である4.6メートルを超すと体重は爆発的に増加し、6メートルで1トンに達する。

う疑問が残りますが、全長5メートルを大きく超えるような超大型個体はあくまで例外中の例外であって、ほとんどの個体はその前に成長が止まります。

　アメリカでのミシシッピワニの研究でもよく似た成長パターンが報告されていて、こちらの場合はオスで全長3・7メートルほどで成長が止まるとのことです。ワニはどの種でも例外的に超大型化する個体がいますが、これらは一般的にいわれるその種の最大全長とは違う例外なので注意が必要です。

　ワニの成長は全長だけでなく、体重の増加で見るとそのすごさがよりわかります。イリエワニは生まれた直後は全長30センチ足らずで体重は50グラム前後しかありません。それが成長し3メートルほどになると90キロほどになります。

さらに一般的なオスの最大全長である4・6メートルとなると、その体重は400キロを超えます（口絵写真⑧参照）。全長でいえば15倍強の伸びですが、体重では8000倍の増加です。これがギネスブックに載ったロロンだとなんと2万倍にもなります。私たち人間だとせいぜい20～30倍と考えると、ものすごい数字です。

第3章

知られざるワニの生態

ワニの多くは異父兄弟、宿敵・サメとの対決

大自然に暮らすワニは、
特別製の体を使ってどのように生きているのでしょうか。
第3章では最新の研究によって明らかにされた、
ワニの驚くべき生態に迫ってみましょう。
ワニといえば、の「デスロール」、サメとの因縁の対決、
さらには複雑な繁殖のしくみや集団の捕食まで…
誤解されがちな事実を紹介します。

必殺の大技、デスロール

ワニというと、「デスロール」を思い浮かべる人も多いと思います。テレビなどではしばしば、大きなナイルワニがシマウマやヌーなどの大型草食動物に噛みついたまま、自分の体をグルグルと回転させることによって獲物の肉を引きちぎるという映像が紹介されます。

このワニが噛みついたままの回転が文字どおり「死の回転（Death roll）」と呼ばれ、

ワニのデスロールは手足は使わずに、胴と尾をひねることによって勢いよく回転する。水中でも陸上でもできる。

やられたほうは体の一部を引きちぎられるわけですから、深刻なダメージを負います。
デスロールはナイルワニのような大型種だけでなく、小型種も含めた多くのワニ種でも観察されています。近年アメリカで行われた実験では、ワニ類25種の中で、コビトカイマンをのぞく24種がデスロールを見せたと報告されています（コビトカイマンも実験では見せなかったものの、野生ではやる可能性もあると述べられています）。

この大技のようなデスロールですが、日常的にやっているわけではなく、発動するのはごく限られた場合においてのみのようです。
ふだん、ワニは一口で飲み込めない大きさの獲物を口にした時は、獲物を噛んだまま頭を持ち上げて左右に激しく振ったり、水面に叩きつけたりします。振り回された獲物はその勢いで、ワニの歯によって付いたミシン目のような切れ込みからブチッとちぎれて宙を飛んでいきます。大きな獲物を複数のワニが食べた後は、周囲に肉片などが飛び散ります。

自然の世界であれば、今度はその食べ残しを狙って魚や鳥などが集まってきます。

獲物が大きすぎて、首の力で振り回すことができない場合にデスロールをします。獲物の肉に噛みついたまま自らが回って噛みちぎるのです。

これが、デスロールが出る第一の場面です。誤解されがちですが、デスロールはあくまでも獲物を引きちぎるための手段であって、獲物を殺したり、仕留《しと》めたりするためではありません。

第二の場面は、さらに限定的です。ワニが身に迫った危険から緊急脱出しようとする時です。たとえば、ワニ同士のケンカで、より大きなワニに噛みつかれそうになった時などに、自分の体を回転させて相手の口から逃れようとします。

また、これは人為的な場面ですが、人間に捕獲《ほかく》されそうになった時もよくやります。噛みつけないように口をロープなどで縛られたワニは、それを嫌がって暴れます。そのときワニは猛烈な勢いでグルグルと回転して、どうにかロープから逃れようと必死の抵

●手軽なのにおいしい！ 毎日楽しめる！

フライパンひとつで魚のごちそう

＊まぐろのたたきのつくね　＊ガーリック・オイスター・シュリンプ
＊たらと白子のグラタン風　…　ネットでは出合えない〝新しい〟魚料理

ダンノマリコ

A5判 1540円

978-4-413-11352-6

ご案内・ご注文

新刊・既刊・イベント情報を
更新中！ ぜひご覧ください。

HP　twitter

青春出版社のウェブ・マガジン 青春オンライン

青春 SEISHUN ONLINE

暮らし　働き方　健康　教養　話題　に役立つ

見逃せないホットな記事がいっぱい！

出版社の豊富なコンテンツ、情報収集力を活かし、
クオリティの高い記事を毎日配信しています。
★「旅する日本史」ほかオリジナル連載も続々！

毎日更新！
https//seishun.jp/

登録不要！ すべての記事を無料でお読みいただけます

自費出版のお知らせ

あなたの「想い」を本にしませんか

ベストセラーを手がけた編集者と
装丁デザイナーが、あなたの本を担当
します。最高の本を創りましょう。

法人向けカスタム出版も好評です。

青春出版社 自費出版 で検

Tel.03-3203-5121

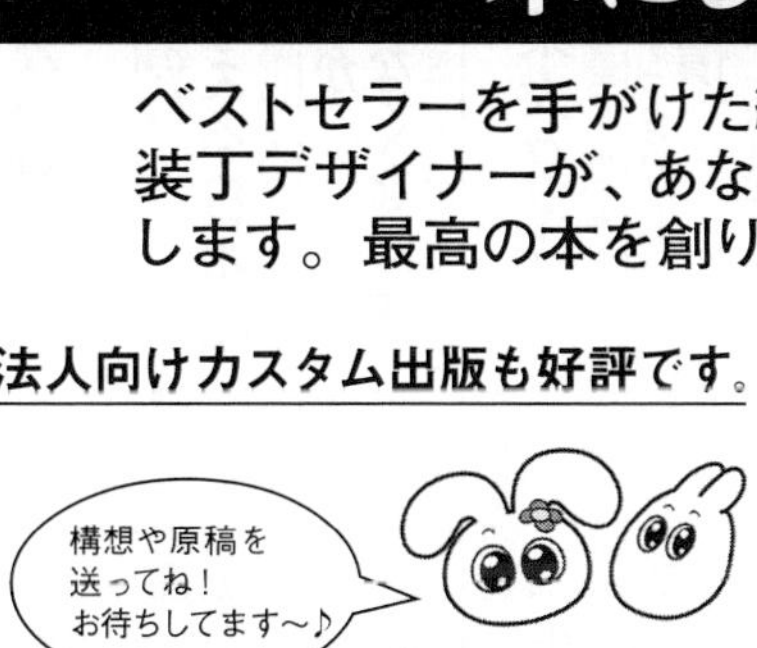

©R&S COMMUNICATIONS

青春
第116回「キョチ
デカッ
それってマグロとか？
負けないぞ！
クジラだぁ
©R&S CO

抗を見せるのです。ただ、この危険回避のための回転は必ずしも相手に噛みついているわけではないので、デスロールとは言えないかもしれません。

なぜデスロールを頻繁にしないのか？

デスロールをなかなか見られないのには理由があります。ほとんどの場合において、ワニは自分より大きな獲物よりも、より安全で楽にたくさん捕れる小さな獲物を狙うためです。獲物が大きければその分、反撃にあって自分がケガをしたりするリスクも高くなるからです。

野生のワニが日常的に大型の獲物だけを狙うことはほぼなく、ほとんどの場合、魚が主食です。安全かつ楽に食べ物を得ようとするのはどの動物も同じです。

また、デスロールをする時、ワニは自分の弱点である腹部を敵や獲物にさらさなければなりません。ワニは頭や背中、そして尾の先まで、上部はゴツゴツとした分厚い鱗板《りんばん》でおおわれ、上からの攻撃に備えています。一方、つねに這《は》いつくばる姿勢によって地面に守られている腹面はうろこも薄く、スベスベでなめらか。さらに大事な内臓が詰まっている腹部は肋骨《ろっこつ》にすら守られていません。

そんな弱点である腹部を瞬間的とはいえ、回転するときに何回も獲物や逃走相手にさらすのは、ワニにとってもそれなりのリスクをともなう行為だと思われます。
また、全長4メートルを超えるようなワニの場合、体重が400キロもあるので、そんな大きな体で何度も高速回転したら、体中に傷がついてしまうのも想像に難くありません。

自分より体の大きな相手に対してデスロールをするのならば、体の小さなワニはより頻繁にデスロールするようにも思えますが、それを確認したデータや報告はいまだありません。ただし、飼育下では、いつもは小さく切り刻んだミンチ肉を与えられている子ワニが、たまたま大きめの肉片に噛みついた時にクルクルと回って噛み切っていたという報告はいくつか寄せられています。

塩水に適応した「海ワニ」

ワニはどの種でも一般的に淡水を好みます。しかしながら、川からの淡水と海水が混じり合う汽水域《きすいいき》や沿岸部近くまで出てくる種はたくさんいます。

特にクロコダイル科とガビアル科のワニには、体内から塩分を排出する「塩腺《えんせん》」という器官があります。塩腺はなんと「舌」にある（ワニは味覚があるのでしょっぱくないのか疑問ですが……）のですが、この塩腺のおかげで汽水や海水でもある程度の期間なら問題なく過ごせます。

しかし、ほとんどの種は定期的に淡水域に戻って、水分補給をする必要があります。なかには塩腺を持っていても、淡水域から一切出てこない種も多くいます。

そんな塩腺を持つクロコダイルでも、特に塩水に適応しているのがイリエワニとアメリカワニです。どちらも基本的には淡水か汽水を好むのですが、なかには一生を海で過ごす個体もいます。いざとなれば淡水で水分補給することなく、長期間でも海水域を移動することができるのです。

特にイリエワニは、この塩水耐性のおかげで海を何百キロも移動することができます。オーストラリアのノーザンテリトリーでは、全長4・2メートルのオスがわずか半年の間に沿岸部を含む900キロもの距離を移動したという記録もあります。

ちなみにアリゲーター科のワニは塩腺がありません。それでも海水の混じる河口部や沿岸部に出てくる個体がミシシッピワニやクチヒロカイマンなどで報告されています。ただし、これらの個体は、やはり定期的に淡水に戻り、水分補給する必要があるようです。

宿命の対決？　ワニvsオオメジロザメ

塩水や汽水に適応したワニが頻繁に出てくる海や河口には、サメ類も多く生息しています。そして、ワニはサメやエイを含む軟骨魚《なんこつぎょ》の仲間も捕食します。

となると、「ワニとサメは戦うことがあるのか？」「ワニとサメはいったいどちらが強いのか？」……。

その答えは、ワニやサメの種類やその個体の大きさによりけりなのですが……以下に詳しく見ていきましょう。

食うか食われるか！　の緊張関係

まず、海水に適応しているイリエワニとアメリカワニはかなりの頻度《ひんど》で、サメやエイを食べていると考えられています。特にイリエワニの大型個体がオオメジロザメを捕食していたという報告は多くあり、私自身も調査中に何回か見たことがあります。

オオメジロザメは世界中の熱帯域に棲む、最大でも全長3・5メートルほどの中型のサメですが、他種や同種のサメをはじめさまざまな魚、さらにはウミガメ、ウミドリ、イルカなどの海洋哺乳類まで……何でも襲《おそ》って食べる気性の荒いサメです。
オーストラリアでは、遊泳していた人間だけでなく、水辺にいた犬や家畜の牛まで襲ったという記録があります。

このサメは淡水にも強い耐性があり、河口から何百キロも上流へ上がってくることもあります。アマゾン川やミシシッピ川では、1000キロ以上も遡上してきたという記録があるほどです。

海水から汽水、淡水域までという広い分布は、まるでイリエワニ（インド太平洋）とアメリカワニ（北中南米）と同じです。何でも食べるオオメジロザメが、時には、これらの種の子ワニを食べていることは想像にむずかしくありません。そして、ひとたび成長した子ワニが、今度はオオメジロザメを食べるのです。

また、イリエワニやアメリカワニほどの海水耐性はありませんが、ナイルワニやヌマワニも、このオオメジロザメを捕食したり、されたりという関係にあると考えられています。

同じメジロザメ属であるヨゴレザメも、多くのワニ種がいる熱帯と温帯の海に生息していますが、このサメは外洋性《がいようせい》（水深200メートル以上の深さの沖合いを好む）のため、ワニと出会うことはほぼないと思われます。

サメとワニの大きさ比較

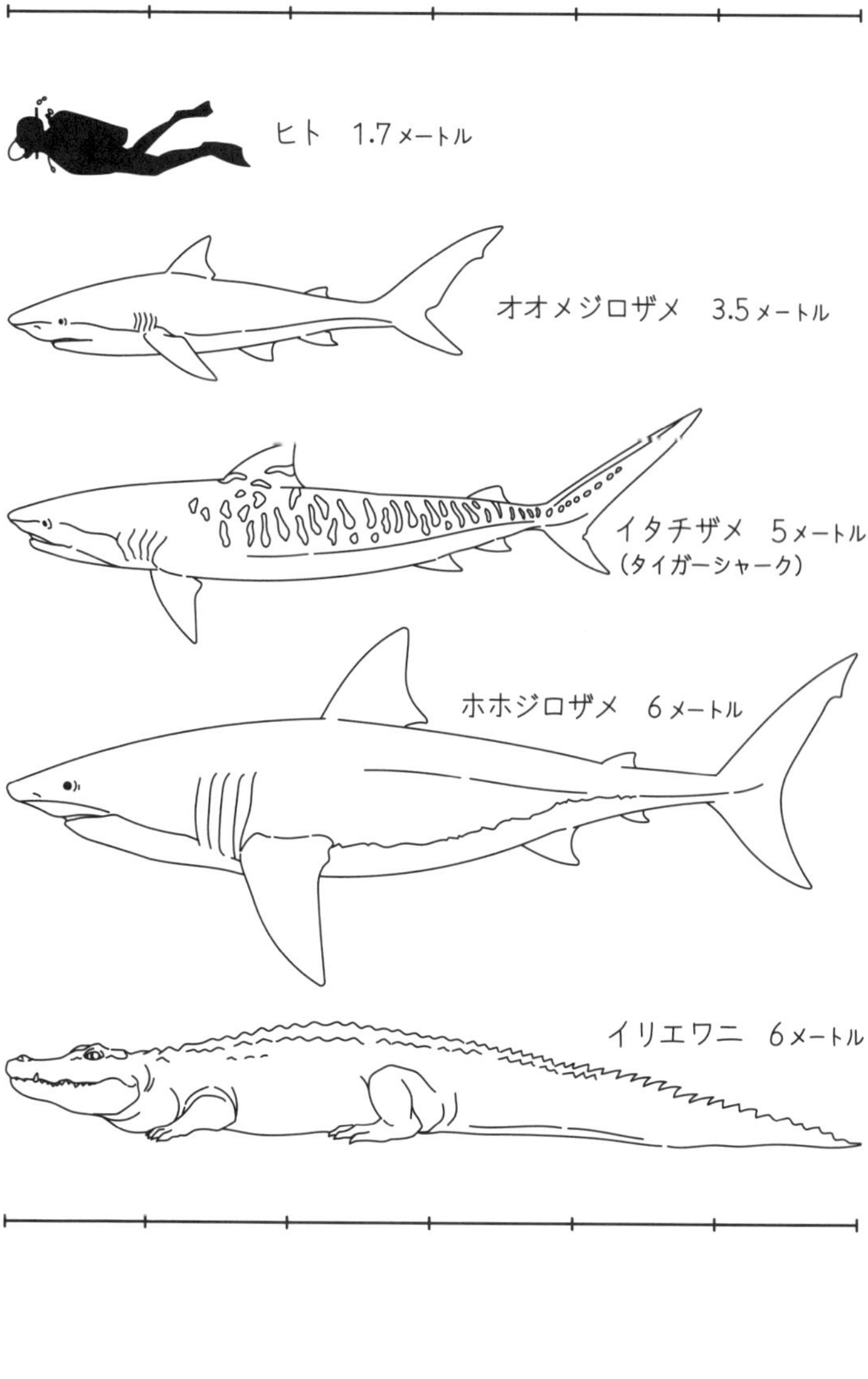

唯一あるとすれば、まれに外洋に出ることが知られているイリエワニとの遭遇《そうぐう》くらいですが、ヨゴレザメは数の減っている絶滅危惧種であり、外洋に出るイリエワニも決して多くはないので、その可能性は低そうです。

カカドゥで見たサメを食うワニ

2017年の暮れ、私は知り合いのレンジャーたちの助けを借りて、オーストラリア・ノーザンテリトリー内のカカドゥ国立公園でイリエワニの調査をしていました。長さ6メートルほどのアルミ製の船の上、その日は月もなく深夜の川はあたり一面が真っ暗で、手に持ったライト以外は何も見えません。

調査がひと段落して一同の気が緩んだ瞬間、船から少し離れた背後で「ボンッ！」という何かが破裂したような爆発音がしました。

突然の大きな音に一同びっくりして振り向くものの、ライトの周りは闇しか見えません。若いレンジャーの一人が「ショットガンの音だ！」とすかさず言いましたが、確かに音は似てはいたものの、そこまで耳をつんざくような轟音《ごうおん》ではありませんでした。

一同しばらくキョロキョロしていたら、今度はジャバッという水の音がして少し小さく「パンッ」と音がしました。すぐにライトを照らすと、船のすぐ後ろの岸の上に4メートルほどの大きなワニが1メートルほどのオオメジロザメをくわえてのみ込もうとしていました。

なおも暴れるサメを逃すまいと、ワニは一瞬口を大きく開けて噛みつき直します。その口が閉じる瞬間に、空気を入れた紙袋を叩きつぶしたような「ポンッ」という音が響き渡りました。

おそらく最初の大きな破裂音はワニがサメに最初に噛みついた時の渾身《こんしん》の一撃の音だったのでしょう。ライトを照らされたワニはすぐにサメをのみ込んで水中へ逃げていきましたが、まさかこんな真っ暗闇の中でワニとサメによる戦いが繰り広げられていたとは……と息をのんだのを今でも覚えています。

サメの王者、ホホジロザメとワニ

さて、人食いザメというと多くの人が、映画『ジョーズ』でおなじみのホホジロザメ（ホオジロサメともいう）を思い浮かべるのではないでしょうか。

大きい個体は全長6メートルに達し、体重も1トンを超えるというホホジロザメの体格は、ちょうどイリエワニと同じくらいですが、このサメは世界中の広大な海域に生息しているものの、ワニが多く棲む赤道近辺の熱帯域にはあまりいないので、日常的に出会うことは多くないようです。オーストラリア北部をはじめとする、イリエワニの分布に入ってくることもあまりないようです。

ただし、イリエワニの分布の緯度から少し外れた南アフリカでは、ホホジロザメが推定全長3・5メートル、体重100キロ超のナイルワニを捕食したと思われる記録が近年報告されています。また、コロンビアではホホジロザメがおとなのアメリカワニを襲ったという報告もあります。さすが人食いザメの王者ホホジロザメといったところでしょうか。

ワニも人も襲う、恐怖のタイガーシャーク

ワニを捕食するサメとして一番多くの記録が残っているのが、世界中の熱帯と亜熱帯域に棲むイタチザメです。

このサメは別名タイガーシャークとも呼ばれ、先述のオオメジロザメ以上に何でも食べるとても気性の荒い種です。私の住む北オーストラリアでも非常に恐れられていて、イタチザメはホホジロザメの次に、多くの人間を襲っているともいわれています。

全長5メートルを超えることもある大型のこのサメは、病気やケガで弱っているクジラ類を襲うこともあります。

さて、そんな大食漢のイタチザメですが、インドネシア沖で捕まった約3メートルの個体の胃から、2メートルほどのイリエワニの死体が丸ごと出てきたという記録があります。

さらに南アフリカでは、4メートルほどの個体の胃から、ナイルワニの上半身とヒツジの足が見つかったという記録もあるほどで、本来陸上で家畜として飼われているヒツ

ジをどうやってイタチザメがとらえたのか、興味深いところです。
また、オーストラリアでは、イリエワニがイタチザメとメジロザメの一種であるタイワンヤブジカに捕食されたという記録があります。

ミシシッピワニもサメを食べる

オオメジロザメを食べるイリエワニの話を先ほど紹介しましたが、サメを食べるワニは、クロコダイルばかりではありません。先述のとおり、本来、淡水性の強いミシシッピワニも汽水域や沿岸部に出てくることがあります。そういった個体が多くのサメを食べているという観察記録が近年、複数報告されているのです。

ミシシッピワニが食べていると報告されたのは、テンジクザメの仲間であるコモリザメやシュモクザメの仲間であるウチワシュモクザメ、まれに人を襲うこともあるレモンザメなど、おもに小中型のサメです。

ごくまれに5メートルに達する超大型個体がいるものの、一般的なオスの最大全長が3・5メートル前後といわれるミシシッピワニには、これらのサメがちょうどよいサイズの獲物なのでしょう。

さらには、肩にタイセイヨウアカエイの尾の棘《とげ》が刺さったミシシッピワニまで見つかっています。アカエイの仲間はさまざまな種が似たような生息環境に棲むイリエワニやアメリカワニに捕食されているので、ミシシッピワニも食べていると思われます。

このようにサメ類を捕食しているミシシッピワニもまたワニ類のご多分に漏れず、小さな個体はオオメジロザメやイタチザメの餌食にもなっているようです。

ワニは雑食か？

ワニと言えば、多くの人が「肉食で、大きな口にずらりと並んだ鋭い歯で噛みつき、何でも食べてしまう」というイメージを持っていると思います。

実際そのとおりで、種によって好んで食べる獲物の種類は違いますが、基本的には水辺や水の中にいる動物で捕らえられるものならほぼ何でも食べます。

多くの場合、獲物の種類はワニ自身の大きさで決まります。

イリエワニだと生まれた直後は全長30センチ足らずしかなく、獲物も水辺の昆虫や小魚などです。そして成長するにつれ、大型の魚や水鳥、カメにヘビなども食べるようになります。さらに3メートル、4メートルと大きくなると、オーストラリアであればカンガルーやワラビーなどの有袋類《ゆうたいるい》、野生化したノブタやウシにウマなどの大型哺乳類《ほにゅうるい》も捕食するようになります。

とはいえ、大型のワニでもつねに大きな獲物を狙っているわけではなく、より安全かつ豊富に獲れるさまざまな種の魚を主食にしているようです。

いろいろな動物を食べているワニですが、じつは植物も食べているのではないかといわれています。ある研究では、少なくとも10種のワニの胃の内容物や糞《ふん》の中から植物の種が見つかっており、このうちのいくつかの種は意図的に木の実などを食べているのではないかと考えられています。

なかには、その果実の甘さゆえに「森のアイスクリーム」といわれるポンド・アップル（熱帯産のチェリモヤという植物の一種）は、水面に落ちたその実をミシシッピワニが食べることがよく知られており、「アリゲーター・アップル」とさえ呼ばれています。ミシシッピワニのほかにも、イリエワニやナイルワニ、さらにはメガネカイマンにニシアフリカコビトワニなど、さまざまなワニの胃から植物の種が発見されていますが、これがふだんの消化を助けるための胃石《いせき》の代わりとして蓄えられたものか、意図的に食べられた果実の種が残っているだけなのか、はたまた、ただの誤飲によるものなのかはいまだにわかっていません。

その目的や理由が何にしろ、ワニが体内に取り入れた植物の実や種のうちいくつかは、糞と一緒に排出されることにより、川や沼の広範囲に散布されてやがて芽を出します。果実を食べる多くの鳥のように、ワニも結果的に植物の繁殖《はんしょく》を手助けしているというのはじつに興味深いところです。

ノーザンテリトリーのダーウィンにあるワニ園で飼われていたイリエワニの大型個体の胃の中から見つかった石（約14cm）。いけすのブロック塀に噛みついてくだけた破片をのみ込んだと思われる。

しかしながら、ワニが雑食である、とは言い切れません。ワニが一般に食べているのは圧倒的に動物性の食物で、こういった果実や種などは全体的に見ればごくわずかであると思われます。ゆえにワニは雑食というよりは、「完全な肉食ではない」というのがより正確かと思います。

ワニはなぜ石をのむのか？

前の項で少し触れましたが、古くから、ワニには石ころをのみ込む習性があることが知られています。多くの種で、胃の中から大小さまざまな石が見つかっているのです。

研究者の間では、これらの石は消化を助けるためとか、重りとして体の浮力調整をしているとか、獲物と一緒にのみ込んでしまっただけの誤飲に過ぎないとか、いろいろ議論されてきました。どの説にも一理あるデータが提示されていますが、最終的な結論はまだ出ていません。

ただ、少なくともワニは何らかの理由があって、意図的に石をのみ込んでいることは間違いないようです。というのも、ワニが食べ物と間違えて、口にくわえてしまった石をすぐに吐き出しているところや、飼育されているワニが、石がまったくない環境でもわざわざコンクリートやブロック塀を破壊してまでのみ込んでいた例が数多く報告されているからです。

ちなみにオーストラリアの先住民であるアボリジニの血を引く友人のレンジャーから聞いた話では、ワニの胃から見つかるこれらの石が、一部の人たちの間ではギャンブルに勝つための幸運を呼ぶお守りとしてたいへん珍重されるそうです。

ワニの好物は犬、というのは本当か？

犬好きの方にはあまり気分のいい話ではないかもしれませんが、オーストラリアでは、「ワニは犬が大好物」という言い伝えが古くから根強くあります。「イリエワニは犬を襲って食べるのが好きだから、ワニのいる所に犬を連れて行ってはいけない」とか、「犬を水辺に連れて行くとワニが寄ってくる」、さらには「犬と一緒に泳いでいれば、最初に犬が襲われるので、その間に人間は逃げ出せる」……なんてものまであります。

しかしながら、「ワニは獲物としてほかの動物よりも犬を好む」という説を科学的に調べた研究はいまだになく、これを支持するデータもなければ、また完全に否定する根拠もありません。

ただ、今まで多くの犬がワニに食べられてきたのは事実です。

ノーザンテリトリーでは毎年数件、水辺を散歩していた飼い犬や湿地帯の水鳥を狙ったハンティング中に猟犬がワニに襲われるという事故が起きています。数年前には、警察により射殺されたワニを解剖したところ、胃の中から飼い主の連絡先が書いてある古い犬の首輪が出てきたということがありました。

連絡を受けた飼い主によると、このワニがいた川へ数年前にキャンプに行った時以来、飼い犬が行方不明になっていたとのことです。ほかにも、こんな事故が近年にありました。

●川の岸辺にいたワニに向かって、ある飼い犬が猛烈に吠えかかったところ、あっという間にワニに噛みつかれて水中に引きずり込まれてしまうという衝撃的な映像がインターネット上で出回り、騒ぎになった。

●2021年にはダーウィン郊外の小川で、住民が飼い犬を泳がせていたところワニにさらわれてしまった。通報を受けたレンジャーが罠《わな》を仕かけたところ、数週間後に全長3・5メートルのワニを2頭立て続けに捕獲された。

●同じ2021年にカカドゥ国立公園では犬を口にくわえた全長4メートルほどのワニが歩いて道を横切っているのが撮影され、地元でニュースになった。

科学的な根拠や裏付けはいまだないものの、こういった言い伝えやうわさが広く伝播《でんぱ》した理由はいくつか考えられます。まず、ワニは水辺にやってくるさまざまな動物を捕食しますが、ほとんどの場合は野生動物が獲物であり、人の目に触れることはあまりありません。しかし、犬の場合は飼い主が近くにいることが多いため、「ワニが犬を襲った」

という目撃例ばかりがたくさん集まってしまいます。

こういった機会のバイアス以外でも、犬の習性として水をあまり恐れない、水際や浅瀬をバシャバシャと音を立てて走り回るのでワニの注意をひきつけやすい……というのも要因として考えられます。

また人間よりも犬のほうが小さく体高も低いので、ワニからすれば獲物として襲いやすいことも大きな原因となっていると思われます。

野犬はワニを怖がる

ワニは犬を好むという説に関連して、犬は本能でわかっているのか、ワニを非常に怖がるという人もいます。今までワニを見たことのない犬でも、ワニのそばに行くとちゃんと怖がるというのです。

この話が本当なのかは私にはわかりませんが、ディンゴと呼ばれるオーストラリアの野犬であれば、ワニの怖さも肌でわかっているのかもしれません。というのも、以前、木かげで昼寝している大きなワニを船の上から撮影していたところ、近くに1頭のディンゴがいるのに気がつきました。ディンゴはワニが怖いと見えて、ワニの周り7～8メートルよりは近づいてこようとしません。

それでもなぜか、そのディンゴはワニの周りをウロウロとしています。なぜだろうと思って周囲をよく見てみると、ワニを挟《はさ》んだ所に生えている別の木の根元に、大きなノネコ（野生化した猫）が身を潜めて隠れていたのです。

ディンゴはノネコをしばしば捕食します。ディンゴは匂いでそこに獲物のノネコがいるのがわかっているのですが、目の前で大きなワニが昼寝しているので怖くて近づけなかったというわけです。少なくとも6000年以上前にオーストラリア大陸に人間とともに渡ってきたといわれているディンゴには、その長い年月の間にワニの恐ろしさが身に染みているのかもしれません。

また、ダーウィンのワニ園では同じ園内で飼育していたディンゴをある日移動させようとしたところ、イリエワニの大型個体のいるいけすの横を怖がってどうしても通りたがらなかったという話もあります。

ワニの巣作り、子育て事情

次にワニの子育て事情を見てみましょう。

アリーゲーターとクロコダイルで巣の作り方や産む卵の数が違うといわれることがありますが、正確には同じ科でも種によってさまざまです。

たとえば、カイマンを含むアリゲーター科の種はすべて、草や泥を積み上げて小山のような巣を作りその中に卵を産みますが、クロコダイル科では草と泥で塚状の巣を作る種と、ウミガメのように地中に穴を掘り、その中に卵を産み落とす種が半数ずつ存在します。

また、ガビアル科では、マレーガビアルは塚状の巣を作る一方、インドガビアルは地中に卵を産みます。

全種ではないものの、多くの種でメスは巣や卵を外敵から守ります。卵を産んでから孵化《ふか》までの間、最長で3か月ほどつきっきりで巣を守る種もいます。

また、オーストラリアのジョンストンワニのように、卵や孵化直後の子ワニを守らないと考えられていた種でも、近年になってじつは巣を守るメスが少なからずいるのが報告されています。

逆に、イリエワニやナイルワニ、そしてミシシッピワニなど、熱心に巣や子どもを守ることで知られる種でも、なかにはそうでもないメスも一定数いたりと、実際には個体差があるようです（ここらへんは人間や他の動物でも同じですね）。ちなみに、ほぼすべての種でオスは巣作りや子育てには参加しない、と研究者の間では考えられています。

ワニの産卵

1頭のメスが1度に産む卵の数は、コビトカイマンやニシアフリカコビトワニなど小型の種で10～30個、ナイルワニやイリエワニなどの大型種で50～60個と種によって差がありますが、だいたい30～40個ほどの卵を産む種がほとんどです。

また、同じ種でも、メスの体の大きさや健康状態によっても卵の数や大きさは変わってきます。

ほかの多くの爬虫類と同じく、ワニの繁殖は年に1度だけです。繁殖の時期も種によって大きく違います。たとえば、イリエワニとジョンストンワニはどちらもオーストラリアに生息するクロコダイル種ですが、イリエワニは夏に相当する雨季に産卵する一方、ジョンストンワニは冬に当たる乾季に産卵します。

イリエワニの卵はニワトリの卵より二回りほど大きく、少し細長い。重さは100グラム前後。

イリエワニは一度にたくさんの卵を産むのですが、大雨が連日降り注ぐ雨季に産卵するため、多くの巣は水没して溺死してしまいます。

ワニの性別は温度で決まる

私たち人間を含む哺乳類の性別は性染色体によって受精したときに決まりますが、ワニには性染色体はありません。卵として生まれた後の巣の中の温度で、オスかメスかが決まります。種によって多少の違いはあるものの、基本的には30度前後を境に、温度が低ければメスになり、高ければオスになります。

ワニ園や養殖場などで人工孵化させる場合には、よりはやくより大きくなるオスを狙って、孵化室《うかしつ》の温度を特定の温度に設定したりすることがよくあります。ただしすべての卵がオスになったり、メスになったりすることはほとんどなく、ある温度を境に徐々にどちらか一方の数が多くなるという具合です。

ワニはその年の気候や産卵の時期によって、雌雄《しゆう》の割合が変わるというたいへんおもしろいしくみですが、長期的に見た場合はどちらか一方だけに大きく偏《かたよ》ってしまうことはないといわれています。

ちなみに、カメや一部のトカゲも温度によって性別が決まりますが、ワニよりも温度の有効範囲がせまいウミガメなどは近年の温暖化現象により、オスが異常に増えてしまうのではないかと危惧されています。

ワニの多くは異父兄弟

先述のとおり、ワニのメスは種によって10～60個前後の卵を一度に産みますが、その遺伝子を調べてみると、同じメスから産まれた卵が複数のオスの精子から由来していることがしばしばあります。これは「複数父性」と呼ばれ、哺乳類や鳥類、他の爬虫類にも多く見られる現象です。1頭のメスが複数のオスと交尾することで、子孫の遺伝的《いでんてき》多様性《ようせい》が高まり、生存率が上がるという利点があります。

ワニの複数父性は、20年ほど前にアメリカのミシシッピワニで最初に確認されました。平均で、30～50パーセントの巣で複数のオスによる卵が見つかったと報告されています。ほかの多くのワニ種でもこの複数父性は確認されていて、現在は少なくともヨウスコウワニ、クチヒロカイマン、クロカイマン、さらにはモレレットワニとイリエワニからも報告されています。

この複数父性はアリゲーター科やクロコダイル科を問わず、おそらくワニ類全種で見られることから、進化上古い特徴であり、恐竜などの古代生物にもあったのではないかと考える研究者もいます。

「寝取られ」はどうやって起きるのか？

1頭のメスから複数のオスに由来する子どもが生まれる複数父性は、ワニの場合どうやって起きているのでしょうか。

ワニのオスは縄張りを持ち、その中で複数のメスと交尾することは古くから知られていました。ただし、複数父性が起きている以上、メスはどこかでほかのオスと「浮気」をしているはずです。

近年の衛星探知による追跡調査で、オスは縄張りを持った強い個体と、ほかのオスの縄張りを間借りするかのように渡り歩いている個体がいることがわかりました。

メスはメスで自分たちの縄張りを持っていますが、オスのものよりずっと小さく、オスの縄張り内に含まれているか、隣接していることがほとんどです。

縄張りを持つ強いオスは、自分の縄張り内を動き回ってパトロールをします。これらの縄張りの中を「遊牧している」別のオスが通り抜けていくわけですが、その時にチャンスがあればメスと交尾しているのではないかと考えられています。

もちろん、縄張りの持ち主であるオスに見つかって敵として認識されてしまえば、手ひどい攻撃を食らうか、縄張りから追い出されてしまうことは想像に難くありません。事実、ワニが高密度にいる縄張り争いの激しい川では、そういった傷だらけのオスを見かけることがたまにあります。

ワニのメスは多くのヘビやカメと同じく、体内で精子を生きたまま保管することができます。ヌマガメなど一部の種では、数年にわたって精子を保存したという記録もありますが、ワニの場合は翌年に持ち越すことはないのではないかと考えられています。なので、ワニのメスは前年の別のオスの精子を体内にためているわけではなく、オスと同じく1回の繁殖期で複数の個体と交尾していると考えられます。

オスとメス、どちらが一途か？

人間の価値観で動物の行動を判断することはできませんが、10年にわたる野生のミシシッピワニの追跡調査からおもしろいデータが報告されています。

まず、オスは比較的不特定の複数のメスと交尾をしたのに対し、メスは10頭中7頭が同じオスとくり返し交尾をしていました。さらにこのうちの2頭はそれぞれ2年と3年の間、特定のオス1頭とだけしか交尾していませんでした。

また、飼育下でもメスの方がより自発的にオスを選別していると思われる行動がより多く観察されていることから、メスの方がパートナー選びに慎重かつシビアである一方、ひとたび相手が決まれば、その後は「一途」なのではないかといわれています。ただ、オスの方も自分の縄張り内のメスに対してはたいへんに強い執着心を示す行動がしばしば報告されているので、一概に断定するのはむずかしいようです。

ノーザンテリトリーのカカドゥ国立公園では、ワニを捕まえるために仕かけられたカゴ罠にある時1頭のメスがかかり、そのすぐ横には大きなオスがいて、レンジャーたちが何をしてもそこから離れようとしなかったという報告があります。はたしてそのオスは自分の縄張りの中で罠にかかってしまったメスを助け出そうとしていたのかはわかりませんが、ワニ同士の何らかの強いつながりを思わせる興味深い報告です。

好奇心旺盛なワニはかじって遊ぶ

ワニは基本的に、好奇心が旺盛な動物です。興味をひかれる物があるとそっと近づいてきて観察したり、かじったりして確かめます。特に日常的にあまり見かけない目新しい物に興味がわくのは、私たち人間と変わらないようです。

数年前、船に乗ってワニの撮影をしていたところ、全長2メートルほどの若いワニが水面に浮かんでいる何か小さい物をしきりに口にくわえたり、放したりしているのに気がつきました。カメラの望遠レンズ越しに見てみると、それはなんと先ほど食べた後にうっかり船のへりから落としてしまったミカンの皮の欠片《かけら》でした。

泥で濁った川の水面上に鮮やかなオレンジ色のミカンの皮がまるで花弁のようにひらひらと浮かんでいて、ワニが見つけてじゃれていたのです。

また、ノーザンテリトリーのカカドゥ国立公園では、数年前に雨季の洪水で水中に沈んでしまった「ワニ注意」の金属製の看板をワニに噛まれ、大きな歯形の穴が開いたと

ワニに噛まれてしまった「ワニ注意」の看板。歯形がいくつもつき、裏から銃で打ち抜かれたかのような穴が開いている。

いうことがありました。まさかワニがこの看板を見て怒って噛みついたのでは……とレンジャー一同笑いましたが、これもワニが目新しい物を見つけて遊んでいただけだと思われます。

ほかにも、シンガポールの自然保護区で地元の研究者が、マングローブの川の中に録音機を沈めてイリエワニの声を録音しようとしたところ、最初に耳に入ってきたのはワニの声ではなく、ワニが機械をかじる音だったということもありました。

このようにワニはめずらしい物を見つけるとかじってしまう習性があるので、本来食べ物でない物を誤飲してしまうこともあるようです。死んだワニの胃からビーチサンダルやつぶれたペットボトルが出てきたという報告も多くあります。

簡単にワニを見つける方法

そんな好奇心旺盛なワニの習性を利用して、ごく簡単にワニの存在を探知する方法があります。プールや海などで使う発泡スチロール製の浮き玉にロープを結んで、水に浮かべておくだけです。

近くにワニがいれば、数日のうちに高確率でかじりにやってきます。さらにその浮き玉をスプレーで鮮やかに着色しておけば、付いた歯形からそのワニの大きさもだいたいわかります。

オーストラリアの国立公園や自然保護区などでは、昔からレンジャーたちはこの方法を使って、その川や池にワニがいるのか判断してきました。肉などの餌では、魚や鳥など他の動物にすぐに盗られてしまいますが、浮き玉の場合は発泡スチロールにしっかりとワニの歯形が残るので確実です。

この方法を長年使っている友人のレンジャーが、数年前に浮き玉を放置しておくとワニは一度噛みついた後もなぜか毎日戻ってきては何度も飽きずにかじると教えてくれました。それを聞いた私は、ダーウィン近郊のワニの養殖場で、ある実験をしました。大・中・小と大きさの違う浮き玉にさまざまな色を着色したものを200個あまり用意して、個別に飼われているワニのいけすに一つずつ入れてみたのです。

どの色と大きさの浮き玉に一番早く噛みついて、なおかつ何回かじるのか、それぞれカメラを仕かけて反応を調べたところ、どの大きさや色にも統計的な差は見られないという結果でした。

それから、1週間浮き玉を放置したところ、先述の友人の話のとおり、ワニは毎日くり返し何度も浮き玉をかじっていました。おもしろいことに、ワニがその浮き玉を攻撃しようとすればいとも簡単に粉々に噛み砕けるはずなのに、なぜかずっとかじり続けるだけで、バラバラに壊された浮き玉は一つもありませんでした。おそらくワニにとって無機質でせまいいけすの中では、見慣れぬ浮き玉が良い退屈しのぎになったのではないかと思われます。

今後は、発泡スチロール片の誤飲などの事故を防ぐ工夫の必要があるものの、飼育下のワニの生活を本来の生態に近づけるための環境エンリッチメントとしての動物福祉的な利用が期待されています。

ワニは夜行性？

ワニは気温が最も上がる午後の日中は木陰や浅瀬で寝ていることが多い。寝ていても周囲への警戒はおこたらない。

ワニは夜行性といわれることが多いのですが、種によってさまざまです。

マレーシアのボルネオでのイリエワニの研究では、明け方と夕方に最も活発に捕食活動をしているという研究報告があります。これはワニが食べる魚が夕方と朝方に最も活発であるためと思われます。

もちろん獲物を捕らえるチャンスがあれば、朝と夕方以外でも捕食します。野生のワニを観察していると、昼夜問わず一日中寝たり、起きたりをくり返していることが多いようです。

さらにワニは鳥類と同じく、安全な場所では両目を閉じて眠るものの、何らかの脅威のある場所では頻繁《ひんぱん》に片目を開けて周囲を警戒しながら眠っているとした実験結果が数年前に報告されています。これは野外でも、昼寝をしているワニの顔を望遠鏡でそっとのぞくと、ときどき薄目や片方の目だけを開けたり、ウトウトとまた両目を閉じたりしているのが簡単に確認できます。

ちなみにニシアフリカコビトワニやコビトカイマンのように、日光を嫌い、ほぼ完全な夜行性の種もいます。昼間は水際に掘った穴の中や倒木の下などに隠れているとのことです。

ワニは集団で狩りをする？

ワニは、それぞれの縄張りが重なったり、繁殖期にオスとメスが仲睦《なかむつ》まじくすることはあっても、基本的には「一匹狼《いっぴきおおかみ》」で暮らす動物です。川べりにワニが集まっている映像を見たことがある人も多いと思いますが、あれは群れで暮らしているわけではなく、個々に集まってきてあのような状態になっています。しかし、ときおり複数の個体が集まって、まるで「協力し合う」かのように獲物を捕まえているのが、いくつかの種で報告されています。

アメリカのミシシッピワニとブラジルのクロカイマンでは、数十頭の個体が水の浅い所に集まって、それぞれが輪を描くようにグルグルと泳ぎ回りながら、驚いて跳ね回る魚を捕まえて食べているのが報告されています。

ほかにもメガネカイマンやパラグアイカイマンが、川の流れに向かって横一列に並んで口を開けて魚を待ちかまえて捕まえているのも観察されています。

オーストラリアとアフリカでは、イリエワニとナイルワニがそれぞれ似たような形で漁をすることがあることが知られています。

おもしろいのは、イリエワニのような縄張り意識が強く、気性の激しい種であっても、それぞれが狩りをする時だけはお互いを許容するかのように密集していることです。ただし、イリエワニが集団になって捕食をするのは、大潮などで大量の魚が一気に川に流れ込んできたりするなど、特別な時だけのようです。

集団行動は偶然か？

大型哺乳類など一度でのみ込めない獲物が捕れた時は、強い個体からお互いをけん制し合いながら争うように食べていきます。こういった大きな獲物を食べる時には、複数の個体が獲物を引っ張り合って、肉を引きちぎることがあります（デスロールはおもにこういう時にします）。

この姿を「ワニが協力し合っている」集団行動と考える研究者もいますが、はたして本当に助け合っているのか、それとも、それぞれがエサに釣られて集まってきた結果、集団になっているだけなのかはいまだ議論の余地が残るところです。

2017年に、私はオーストラリアのノーザンテリトリーの川で、大きなウシを食べているイリエワニの集団を見ました。隣接する放牧地から水を飲みにきた時に倒されたのでしょう。

水面に浮かぶウシの死体を中心に、4メートルを超える大きな個体が10頭以上集まってグルグルと泳ぎながら、まるで順番があるかのように1頭ずつウシに噛みついていくのですが、よく観察してみると、噛みついて食べているのは特段に大きくて強そうな個体だけで、一回り小さなワニたちは遠巻きに見ているだけでした。はたしてこれらのワニにどのくらいの協力関係があったのか、大きくて強い個体間にだけ協力関係があったのか、それとも、それぞれが好きに食べているのが偶然にも秩序ある集団行動に見えただけなのかはいまだにわかりません。

「飛行機ブーン」は何をしているのか？

オーストラリアのノーザンテリトリーにあるカカドゥ国立公園は世界遺産になっており、東京都より少し小さいくらいの広大な面積を誇ります。カカドゥには大きな川が何本か流れていて、たくさんのイリエワニが棲んでいます。

ここの大小さまざまなワニを観察していると、ときおり両手を横に突き出すように広げて、プカプカ水面を浮かびながら泳いでいる姿を目にすることがあります。まるで、子どもが「ブーン」と飛行機の真似をして遊んでいるようなかわいらしいポーズです。

いったいワニはこのポーズをとって何をしているのでしょうか。

流れる川の中で両手を広げることによって体のバランスを保っているのだとか、魚を捕まえるためだとか、はたまた、ただ単に遊んでいるのだとかさまざまな説が唱えられましたが、現在多くの研究者は、魚を獲るための行動ではないかと考えています。

カカドゥ国立公園では、満潮時に大量の魚（おもにボラ）が川をさかのぼってくるのに合わせて、多くのワニがこの飛行機のようなポーズをして集まってきます。水面を飛び跳ねる魚が広げた腕のどこかに当たるとワニは素早く横を向くようにして器用にその魚を捕らえます。

ただ実際のその姿を目にすると、捕食者としての怖いイメージよりも、腕に浮き輪をつけてバシャバシャと泳ぐ子どものようなその動きに、はたして真剣に魚を獲ろうとしているのかどうか、ひょっとしたら遊んでいるだけじゃないか……というような気もしてきます。

２０１５年のある時、私は全長3メートルを超える中型のワニが水面に浮かぶ大きな木の枝をまるで両肩で担ぐようにして、この「飛行機ブーン」のポーズをしているのを見ました。本当に魚を獲るためならばこの木の枝はじゃまなはずで、取りのぞこうと思えば水に少し潜って難なくはずせるはずです。それが枝を担いだまま川面を泳ぎ回っている姿は、本当に遊んでいるようでした。

しかしその数年後、別の川での調査中にこのポーズをする何頭かのワニを見て、やはり獲物を探すためにやっているのだろうと思うようになりました。

ある夜、川の水と陸の境目の浅瀬にいたワニに小型船でゆっくり近づいたところ、水際に沿うようにして泳いでいたワニの岸側の腕がピンと伸びていることに気がつきまし

両手を横に伸ばして泳ぐイリエワニ。腕だけでなく、指も上に伸ばしているのがわかる。この姿勢の時は決まってゆっくり泳いでいる。

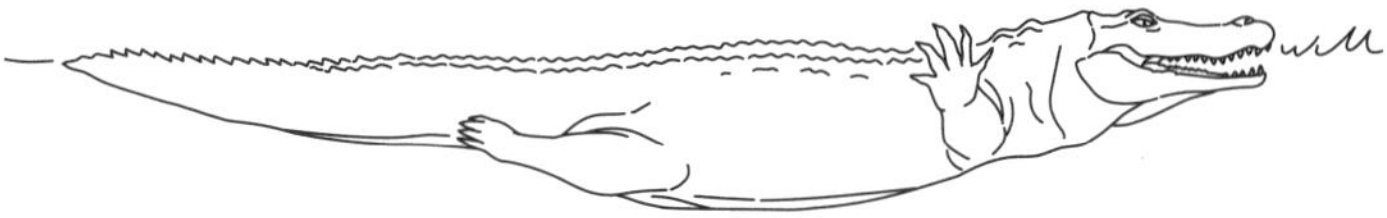

ブーンのポーズで泳いでいる時は、手は左右に開いているが、後ろ足は胴体にくっつけて伸ばしている。

た。片手だけで例の飛行機のポーズをしているのです。ゆっくり泳ぐワニの頭の側面で水際に追い詰められた小魚がワニの伸ばした腕に当たる度に、パッと横を向いて食べていました。

さらに別の夜、干潮により幅が2～3メートルに干上がった小川で、まるで水の流れをせき止めるかのように両腕を伸ばして泳いでいる4メートル近い大きなワニを目撃しました。川がせまく浅くなっている分、「飛行機ブーン」は浅瀬に取り残された魚を捕まえるには効率の良いやり方なのでしょう。

なぜカカドゥでしか「ブーン」をやらないのか？

このポーズをとるワニはカカドゥ国立公園で見られますが、どういうわけか、それ以外のほかの川にいるワニはこのポーズをあまりやりません。カカドゥの川だけが他の川と環境的に違っているということはあまり考えられないのですが、同じノーザンテリトリー内であっても、このワニのポーズが見られることはめったにないのです。

私は毎年、数百キロにおよぶ複数の川で調査をおこない、１５００～２０００頭ほどのワニを観察しています。ですが、カカドゥ以外の場所では、過去15年間でも数回しか見たことがありません。ただし、ノーザンテリトリーのお隣のクイーンズランド州では、ごく少数ながら「片手ブーン」の報告例があります。また、南米ではなんとパラグアイカイマンが「両手ブーン」をして魚を捕まえることが知られているので、厳密にはカカドゥのイリエワニだけがやる行動ではないようです。

なぜカカドゥのワニだけが個体の大小を問わず、頻繁に「飛行機ブーン」をするのか、どうやってこのポーズをするようになるのか、本能的なものなのか、他のワニの真似をして学習しているのか……など、いまだに多くの謎が残っています。

ちなみにカカドゥの先住民や地元の釣り人たちにはワニの飛行機ブーンは古くから知られていたようで、このポーズをしているワニのすぐ後ろにルアーや銛《もり》を投げ入れると大きなバラマンディ（アカメ科の巨大魚。オーストラリアではワニにも人間にも好んで食される）が捕れるという人もいます。

おそらくはワニの両手でとりこぼした小魚を狙って肉食のバラマンディが集まってくるためと思われます。

ワニには帰巣本能がある

ワニには帰巣本能《きそうほんのう》があるといわれていて、どこか別の場所に放しても、すぐに元の場所に戻ってきてしまうことが以前からよく知られていました。

たとえば、ふだんはワニのいない村や町の近くの川や湖で大きなワニが見つかったとします。危ないということですぐに捕獲したものの、ワニは法律で保護されている野生動物なので、そのまま飼ったり殺したりすることはできません。しかたがないので、どこか人里離れた遠くの場所までワニを運んで放します。これで解決と思いきや、数日後にはまた同じ場所に同じワニが戻ってきているというパターンです。

これとよく似た話は、さまざまな種で世界中から数多く報告されています。ワニは縄張りを持つ動物なので、縄張りから離されると自分の縄張りに戻ってこようとするのは当然合点《がてん》のいく話です。

2000年代初頭にオーストラリアのクイーンズランド州で、ワニの「帰巣能力」を調べるために衛星探知を使った大規模な研究がおこなわれました。

イリエワニの中・大型のオス3頭を捕獲し、それぞれに衛星発信機をつけて、数十から数百キロ離れた場所まで連れて行き、放したのです。すると、次のような事例が見られました。

●ケープヨーク半島の東側で、捕獲地より50キロ以上離れた場所で放された個体が、海岸線を泳ぎ、21日後に元の場所に帰ってきた。
●ケープヨーク半島の西側、捕獲地より77キロ離れた場所で放されたワニが26日後に戻ってきた。
●ケープヨーク半島の西側で捕獲された大型のオスはヘリコプターで反対側の東海岸まで連れて行かれ放されたが、130日後には半島の先端を周回して帰ってきた。

とくに3番目の個体の移動距離は合計411キロにもなります。おもしろいことにこのワニは、最初の100日間以上はその場所からあまり動かず、その後、たった20日間あまりで一気に400キロ以上泳いで帰ってきたということです。

さらに後年の詳しい分析により、このワニは半島の周りを泳いでいる時はたくみに海流を利用していたことがわかりました。追い風のような水の流れに乗ることで、平均で一日20キロ前後の距離を泳いでいたのです。

そして潮の流れが進行方向と逆向きの時は、海岸や河口に入って海流がまた変わるまで休んでいました。この研究によりイリエワニが長距離にわたる強い帰巣本能を持っていることが決定的になりました。

絶対ではないワニの帰巣

しかし、先述のクイーンズランド州での研究から数年後、ノーザンテリトリーでも似たようなワニの移動実験がおこなわれた結果、定説となっていたイリエワニの帰巣能力も決して絶対的なものではないことがわかりました。

というのも、発信機をつけられた全長3〜4メートルのオス4頭が、コバーグという半島を隔てた捕獲地から反対側の海岸に、東側から西に3頭、西から東に1頭ずつ放されたのですが、どのワニも元の場所には戻れなかったのです。

今回のワニは、最短で8か月、最長で2年近くにわたって衛星で追跡されましたが、その足取りを詳しく見てみると、どの個体も帰るべき場所の方角はわかっているようで、しきりにそちらの方向へ行こうとしていました。

しかし、先述のケープヨークより複雑な形をしたコバーグ半島に阻《はば》まれ、4頭すべてが海岸線を迷ったかのようにウロウロと動き回った後、まるで帰巣をあきらめたかのよ

イリエワニの帰巣実験

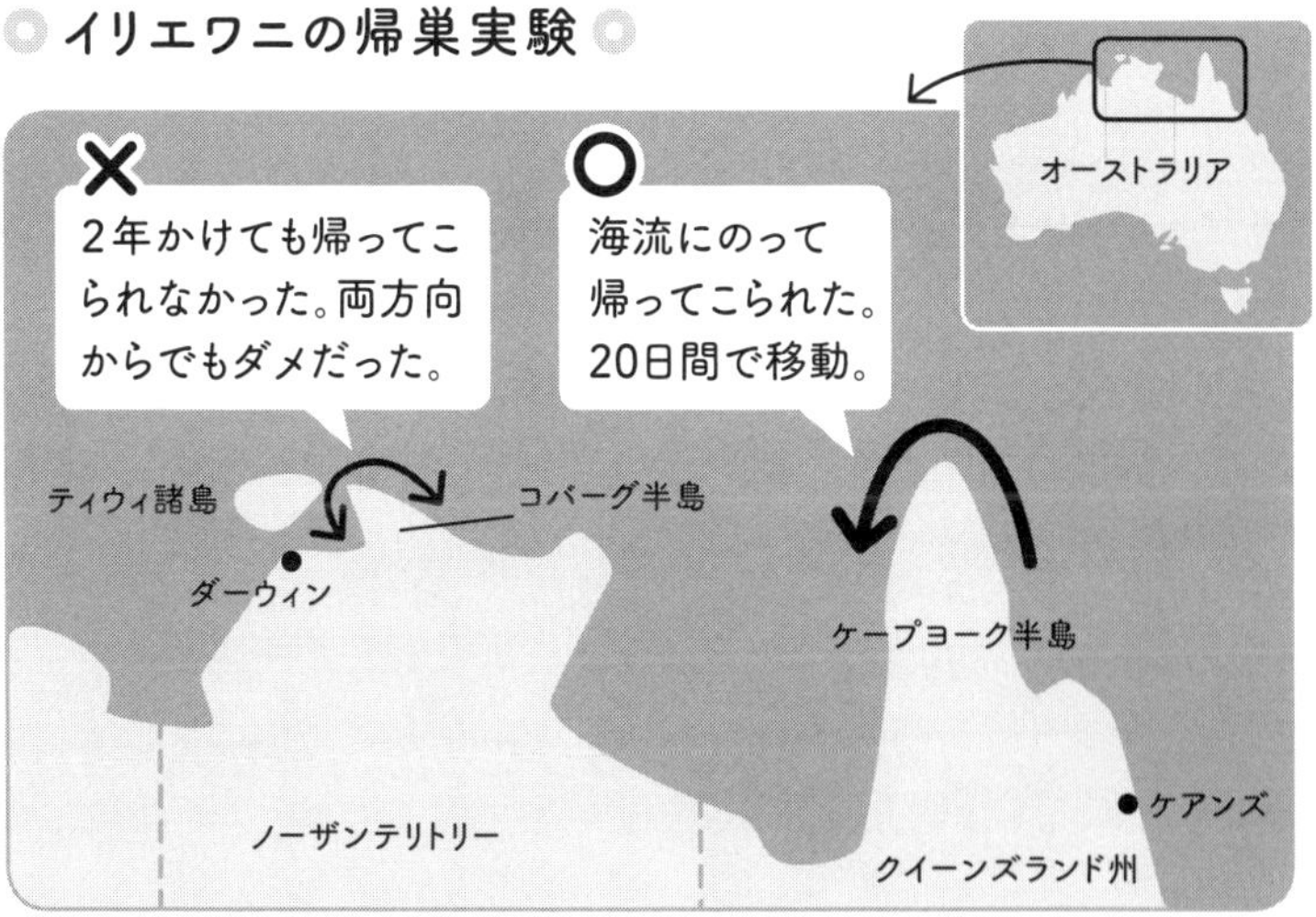

うに近くの川に入っていったのです。

新天地の川で腰を落ち着けたワニ（2年間追跡された個体も含めて）は、そこから大きく動くことはありませんでした。コバーグ半島は、その複雑な地形ゆえに周囲の海流も複雑かつ急なので、帰巣したかったワニもあきらめざるを得なかったのではないかと思われます。

コバーグ半島がワニの移動にとって大きな「障壁」であることは、近年私たちがおこなった500頭以上のイリエワニの遺伝子解析でも明らかになりました。ノーザンテリトリーのイリエワニは、遺伝的にコバーグ半島を境界線として、西側と東側にはっきり分けられることがわかったのです。

前述の追跡実験のように人為的《じんいてき》にでも移動させない限りは、西側と東側のワニが遺伝的に交じり合うことはほぼありません。加えて、オキゴンドウ（別名シャチモドキ）を追跡した別の研究では、コバーグ半島の西側に浮かぶティウィ諸島により湾のようになっている付近の海域には、泳ぎの得意なオキゴンドウもあまり入って行かないことがわかりました。

いくら優れた帰巣能力を持つワニといえども、こういった複雑な地形や海流などのバリアーがある場合では、必ずしも帰巣しないことがわかったのです。

頭の中にナビがある？　いまだ謎の帰巣のしくみ

ところで、ワニはそれまで行ったことのない未知の場所から、どうやって自分のいる位置や元いた場所の方角などがわかるのでしょうか。

ハチなどの昆虫をはじめ、サケやサメなどの魚類に、渡り鳥やウミガメなど、多くの動物が南極と北極を磁極とした磁場《じば》から発せられる磁気を感知することができるといわれています。地球上の磁気力の強弱から位置や方向を割り出し、その情報を自身の移動に役立てているのです。

ワニもこの磁気を頼りに帰巣をしているのではないかと、現在多くの研究者が考えています。

今から十数年前に、メキシコで興味深い実験がおこなわれました。その場所はアメリカワニにモレレットワニ、さらにはメガネカイマンと、多くのワニの生息地で、近隣の村や町の近くにワニが現れるたびに、保護団体の研究者たちが捕獲していました。

メキシコでも、捕獲されたワニは数キロから数十キロ離れた場所まで連れて行き放すのですが、例にもれず、どのワニも数週間から数か月で戻ってきてしまいます。

ある日、研究者の一人が捕まえたワニの頭に廃車から取り出した小さな磁石をガムテープで貼りつけてみました。そのまま町から離れた場所まで連れていき、ガムテープと磁石をはずした上で放したのです。

すると、それまで3回も町に戻ってきていたワニが戻ってこなくなったのです。これに確信を得た研究者は、これら3種のワニ20頭に同じ処置をしてみたところ、やはり一頭も戻ってこなくなったと報告しています。

一番近いケースでは、捕獲場所からたった1キロ強の距離でしたが、それでも戻ってこなかったとのことです。

ちなみに、古くからこれとよく似た実験がハトを使っておこなわれています。ハトが方角を決める第一条件の太陽が見えない曇りの日は、頭に磁石をつけられた個体の多くが元の場所まで帰ってこられなかったとのことです。

これらの結果から、ワニもハトのように地磁気の方向や強さ、場所を知覚する「磁覚」が長距離移動や帰巣能力に深く関係しているのは間違いなさそうです。ただ、ワニはどういうしくみで磁気を感じとっているのか、また、どのくらいの磁力でどの程度の影響を受けるのかなど、詳しいことはまだわかっていません。

第4章

巨大ワニの魅力

その姿は龍か恐竜か…ワニ愛好者のロマン！

巨大ワニの話は古くから世界各地にありますが、そのほとんどが十分な情報の裏付けがなかったり、大げさに伝えられただけの、ただのうわさ話だったりします。

巨大個体だけをひたすら追い求めるワニの研究者はいませんが、研究の一環として巨大ワニのデータを集めている人は少なからずいます（私もその一人です）。

第4章では、古今東西、世界各国から寄せられた巨大ワニの話から、私自身が信用に足ると判断したデータを中心にみなさんに紹介していきます。

ギネスに載った世界最大のワニ「ロロン」

ワニという動物の魅力のひとつとして、「とても大きくなる（種もいる）」ということであるのは、多くのワニ愛好者が同意するところではないでしょうか。

みなさんは「ロロン」というワニをご存じでしょうか。2011年9月にフィリピンのミンダナオ島で生け捕られたオスのイリエワニで、当時、世界最大のワニとして世界中でニュースになりました。捕獲直後に地元の人たちがインターネットに写真を上げて注目を集めましたが、当初は数枚の小さな写真だけだったので、学会や研究者たちは全長6メートル超というその大きさに懐疑的《かいぎてき》でした。

ところが、同年11月に『ナショナルジオグラフィック』の取材班を引き連れたイギリス人の研究者により正式な計測がなされ、全長6・17メートル、体重約1075キロということが判明しました。

翌年、その結果が国際自然保護連合ワニ専門家グループ（次章で詳述）の会合で発表され、「飼育されているワニでは世界最大」としてギネス記録に認定されました。なぜ単純に「世界最大のワニ」ではないかというと、野生にはこれより大きなワニは存在しないという証明のしようがないからです。

このロロン捕獲の一報は世界中でニュースになるわけですが、研究者たちからは、とりわけ「ワニを死なせず生け捕りにした」ということが注目されました。今までは国を問わず、特別大きなワニは狩猟や駆除《くじょ》の対象となり、撃ち殺されてしまうのが通例だったからです。ロロンは行方不明になっていた地元の住民や家畜を襲ったのではないかと疑われていたにもかかわらず、役場や住民、さらに近隣から招集されたワニの専門家たちにより「巨大ワニの保護プロジェクト」として生け捕りにされたのです。

後に届いた報告によると、ロロンの捕獲には計100人近い人員が投入され、3週間以上かかったとあります。

まず何日もかけて、広大な川の中に隠れているロロンを見つけなければなりません。何度か餌をつけたくくり罠にかかったものの、ロープをちぎって逃げられたため、最終的には親指の太さほどあるスチール製のワイヤーを使ってやっと捕獲したと言います。

ちなみにこの「ロロン」という名前は、捕獲中に亡くなってしまったワニ捕獲の専門家の名前からつけられています。人間のロロンさんは当初からこの捕獲計画を指揮していましたが、最終的にこのワニが捕まる1週間ほど前に急性心筋梗塞《きゅうせいしんきんこうそく》で亡くなってしまったそうです。高温多湿のきびしい環境の中、いかに過酷な作業であったかがうかがい知れます。

さて、捕獲されたワニのロロンは、その地で急遽《きゅうきょ》作られた「野生生物研究センター」という名のワニ園に入れられます。比較的すぐに飼育環境に慣れたロロンは一般公開され、近隣から多くの人が詰めかけ、大変にぎわったと言います。

ワニを殺さずに捕獲し、地域の村おこしに利用するというこの試みは「野生動物と人間のあつれき」に対する理想的な対処例のひとつとして、国内外の専門家たちから称賛されました。

しかし、2013年2月、突如ロロン死亡の知らせが世界中を駆け巡ります。

当初は事故か病気か詳細がわからず、さまざまな憶測《おくそく》が飛び交いましたが、後におこなわれた解剖により、直接の死因は細菌の感染による肺炎と心不全だったということがわかりました。

死後、冷凍保存されていたロロンの死体ですが、現在は剥製《はくせい》となり、骨格標本とともに首都マニラの国立自然史博物館に展示されています。

私は、まだロロンが生きていた2012年5月に学会でこの博物館に1週間ほど滞在していました。にもかかわらず、ミンダナオ島まで足を延ばしてロロンを見に行かなかったことを今でも後悔しています。せめて近いうちにこのロロンの剥製を見に、博物館を再訪したいと思っています。

ロロン亡き後はオーストラリアのクイーンズランド州のワニ園で飼われているカシアス（イリエワニ・全長5・48メートル）が世界最大の飼育ワニとしてギネス記録に認定されました。ちなみにこのカシアスは1980年代にダーウィン近郊の川で捕らえられ、その後クイーンズランドに運ばれたワニです。

伝説のナイルワニ「ギュスターヴ」の正体

巨大ワニというと、「ギュスターヴ」と呼ばれるナイルワニを思い浮かべる人も多いかと思います。世界中でうわさに尾ひれがつき、全長は8メートルあったとか、ライフルやマシンガンで撃たれても死ななかったとか、体中に銃弾の痕が残っていたとか、不確かな情報がインターネットを中心に出回っています。

日本でもテレビやインターネットで紹介され、その名が広く知られていますが、そもそもは1990年代に東アフリカのブルンジ共和国に住んでいた、フランス人爬虫類《はちゅうるい》研究者兼ツアーガイドによってナイルワニのある個体が「ギュスターヴ」と名付けられ、現地のドキュメンタリー番組で紹介されたのが始まりです。

ギュスターヴは、ブルンジ共和国とコンゴ民主共和国、そしてルワンダ共和国の3か国の国境が接するルジジ川に生息していたといわれます。

ルジジ川はキヴ湖とタンガニーカ湖という二つの湖を結ぶ120キロ足らずの川です。

そこでギュスターヴは300人もの人間を襲って食べたといわれていますが、もちろんこれは正確な情報ではありません。

ブルンジ共和国は１９７０年代より激しい内戦が続いていて、１９７２年の内戦では10万から20万人ともいわれる虐殺が起きました。１９９３年にも犠牲者２万５０００人ともいわれる部族間の報復的な虐殺が起きています。

これらの大規模な内戦が起きるたびに、犠牲者の遺体は野ざらしにされたといいます。ルジジ川やタンガニーカ湖のブルンジ側の岸辺にも多くの遺体が放置され、それらの遺体を、ナイルワニを含め多くの野生動物が食べていたそうです。

隣国ルワンダでも、１９９４年に犠牲者50万から60万人ともいわれる大虐殺が起きています。２０１６年に私がルワンダを訪れた際には、現地人のガイドが首都近郊に流れる大きな川を指さしながら、虐殺のあった年にはこの川も遺体であふれていて、すごい数のナイルワニが集まって食べていたと教えてくれました。

おそらくは虐殺が起こるたびに各地の河川でそういった凄惨な光景が繰り広げられていて、ギュスターヴと名付けられたこのワニもその中の一頭だったのではないでしょうか。そこからうわさに尾ひれが付いて、３００人の命を奪ったなどといわれるようになったと思われます。

2002年には、このフランス人研究者がギュスターヴの捕殺を試みるというテレビ番組が制作され、アフリカを中心に数か国で放送されています。ギュスターヴは結局捕獲されませんでしたが、その番組内ではカメラに映ったその姿から、全長6メートルに近いと紹介されています。

この番組がもとになって、2004年にはアメリカでワニのパニック映画が作られており、これによりギュスターヴの名は世界中で広く知られることになりました。

その後、「ギュスターヴは長らく姿を消していたが再び発見された」とか、「近年ついに撃ち殺された」とか、さまざまな情報が交錯していますが、確かなことは何一つわかっていません。また、ルジジ川のギュスターヴが有名になったことで、アフリカ各地で複数のナイルワニがギュスターヴと名付けられ、これが現在の混乱の原因となっているとの報告もあります。

いずれにせよ、ナイルワニで全長6メートル以上という確かな記録はいまだになく、この「初代」ギュスターヴですらも本当に全長が6メートルあったかは確かめようがない、というのが、国際自然保護連合のワニ専門家グループに所属するナイルワニの研究者の一致した見解です。

巨大ワニはなぜ守られるべきなのか？

第1章でも書いたとおり、ワニから見た場合、人間は獲物としては比較的大きな部類で、そんな獲物を積極的に襲えるのはある程度大きい個体だけです。

誰かが襲われると、復讐的感情や被害者の遺体の回収、さらにはその地に暮らす人々の安全のためといった理由から、そこにいる大きな個体は片っ端から殺されてしまうのがオーストラリアを含めよくあるパターンです。

また、「全長何メートルの巨大ワニ捕獲」といったニュースが時おり流れてきますが、じつはそういったワニは、捕獲時にはすでに殺されていることがほとんどです。

このようなニュースや記事を目にするたびに、私たちワニの専門家たちは、その駆除の必要性を理解しつつも、「もったいないなあ」とため息をつくわけです。

その理由は、単に大きい個体の数がとても少ないことがあげられます。

一般的にどの動物も、平均的な大きさから逸脱すればするほど、その個体の数は少なくなります。現生ワニ類の中で最大といわれるイリエワニの平均的なオスの最大全長は、4・6メートル程度だと考えられていますが、それを超えて5メートルとか、6メートルまで成長する個体はじつはごくわずかしかいません。

日本人で言うと、身長190センチある人の数は、成人男性の平均身長に近い170センチの人よりもずっと少なく、身長200センチともなれば、さらに少なくなるのと似た感じでしょうか。

ワニの場合は、ただですら少ない大型個体が、近代の乱獲や開発による生息地の消失などで一度ほぼ死に絶えているので、その希少さは筆舌に尽くしがたいものがあります。

加えていえば、動物が並外れて大きくなるにはいくつかのむずかしい条件を満たさなければなりません。

まず、親や祖先の形質が大きいなど遺伝的に恵まれていること、そして、その遺伝的特質を活かせるだけの豊富な食物や適した気候など、外的環境要因にも恵まれること。さらに、十分な成長を遂げられるまで長生きすることです。

特に、おとな（生殖可能な状態になる成熟性に達すること。イリエワニのオスの場合、17歳前後）になれるまでの生存率が3パーセント以下というきびしい野生の世界で、さらに大型化するには、少なくとも40〜50年は生き抜かなければなりません。なかにはもっと老齢と思われる個体もいます。

そんな「奇跡的な自然遺産」とも言える大型個体を次々と無計画に撃ち殺してしまうのは、あまりにも惜しいと思わずにはいられません。

戻りつつあるノーザンテリトリーの巨大ワニ

世界の中で一番多くイリエワニが棲んでいる国は、オーストラリアだといわれています。なかでも、約7割のワニがノーザンテリトリーに生息しています。

そのノーザンテリトリーでは、過去に全長6メートルを超えていたワニの確かな記録が、少なくとも3件あります（コラム2参照）。これらのワニはノーザンテリトリーでの乱獲期（1945年〜1970年。詳細は第5章）を奇跡的に生き抜いた貴重な超大型個体でした。しかし残念ながら、3頭とも捕獲前か捕獲時に殺されています（うち2頭は事故死）。

1971年にワニの狩猟が禁止され、25年以上続いた乱獲が終わった後でも、長らくは5メートル級の個体さえ目撃されることはありませんでした。

1979年にダーウィン近郊の川で「スウィートハート」と名付けられた全長5・1メートルのワニが捕獲されたときも、そのあまりのめずらしさゆえにオーストラリア国内で大きなニュースになったくらいです。

当時としてはめずらしく生け捕りが試みられたものの、このワニも残念ながら捕獲直後に死んでしまいます。捕獲時に鎮静薬を使わず長時間暴れさせてしまったため、過疲労になってしまったのが原因です（現在はダーウィンの博物館でスウィートハートの剥製を見ることができます）。

ついに、全長5・5メートル級が見られるようになった

1970年代から始められた大規模な頭数調査でも、5メートル以上の個体が観測されることはほぼありませんでしたが、保護開始から40年が経った2010年あたりから、ようやくノーザンテリトリー各所の川で5メートル級の個体が見られるようになってきました。

2020年、現在では全長5・5メートルに迫るような大型個体の姿も、ほんの少しですが観察されるようになっています。

私はここ15年ほど、毎年2000頭前後のワニを調査していますが、6メートルのワニはいまだに目にしたことはありません。もう20〜30年も経ったころには、その姿を目にできる日が来るのではないかとひそかに期待しています。

ナイルワニの巨大個体は存在しないのか？

イリエワニと並んで現生ワニ類では最大級と言われるナイルワニ（一般的なオスの最大全長4・5メートル前後）ですが、本当に全長6メートルを超える個体はいないのでしょうか。いまだかつてナイルワニの6メートルに達する実測記録はないと言いましたが、じつはこれにはワニとは直接関係のない理由がいくつかあります。

まず、同じくワニ類最大と言われるイリエワニに比べて研究者や保護管理に携わる人の数が少ないこと、さらにアフリカは多くの国で長らく政治や経済的に不安定な状況にあったこともあり、インフラの整備や調査研究が進んでいないことなどがあります。

しかし、今までの限られた研究データや調査報告を見る限り、ナイルワニの6メートル個体は決して非現実的ではないと私は考えています。

現在、最も活発にナイルワニの保護、研究に携わっている研究者仲間の話では、南アフリカ共和国のクルーガー国立公園だけでも、5メートルを大きく超える個体が少なくとも数頭、調査中に観察されているとのことです。事実、私も2016年にクルーガー国立公園を訪れた際には、全長5メートル強と思われる大型の野生個体を、2週間足らずの滞在で2頭ほど見ることができました。

ナイルワニの生息数が回復しつつある現在、アジア・オセアニア圏のイリエワニのようにナイルワニの大型個体もやがて戻ってくるのではないかと期待しています。近い将来、さらに調査が進めば、ロロンのような6メートル超の個体の発見の報がもたらされる日が来るかもしれません。

シンガポールの倉庫に眠っていた巨大頭蓋骨

2018年に私は、研究仲間でもあるシンガポールの友人たちを訪ねていました。国立公園局で働く彼らのイリエワニの調査を手伝ったりしていたのですが、ある日、彼らに「見せたい物がある」と言われ、シンガポール国立大学内にある自然史博物館に連れて行かれました。

そこで博物館の方々に案内され、裏の倉庫に通されると、ずらりと並んだ棚の片隅に置いてあった大きな段ボール箱の中身を見せてくれました。箱の中にはいかにも古そうなワニの頭蓋骨が1つだけ入っていました。

私は一目見た瞬間にとても大きいワニのものだとわかったので、巻き尺を借りてその長さを測ってみると70センチ強ありました。先述のフィリピンの6・17メートルの大ワニ「ロロン」の頭長がちょうど70センチだったので、これは6メートル級の大物だと私の胸は高鳴りました。

すると博物館の人が「じつはもっと大きいものがある」と言って、奥からさらに大きな箱を持ってきました。さらに古く、化石のようにも見える大きなワニの頭蓋骨でした。大きさを測ってみるとこちらも70センチ。しかしこの頭蓋骨は最初のものよりもずっと分厚く、横幅もありました。間違いなくロロン以上の大物です。

博物館の人たちの話によれば、これらの頭蓋骨は何の種のワニかもわからないし、どのくらい古いのか、誰がどこから持ってきたかもわからないとのこと。いつまでも倉庫にあってじゃまなので、捨てようかと思っていたと言うので、これらの頭蓋骨は非常に貴重な物の可能性があるので絶対に廃棄しないほうがいい、と大慌てで止めました。

それからすぐに、あらためて友人たちと博物館を再訪し、頭蓋骨の詳しい計測をしました。最初に見せてもらった上あごだけの頭蓋骨は、骨は長さ70・6センチ。下あごの骨がなかったので幅の計測はできませんでしたが、ロロンより少し細く、全長はおそらく6メートルちょうどくらいではないかと思われました。形状からしてイリエワニの骨には間違いなさそうでしたが、結局、いつ、どこからきたのかは何の記録もなくわかりませんでした。

一方、2番目に見せてもらった、さらに大きい上下のあご骨がそろった頭蓋骨は、こちらも古いイリエワニで、頭長は70・1センチ、幅は52センチもありました。ロロンの頭蓋骨の最大幅（下あご）が45センチだったので、やはりロロンより大きいワニなのは間違いなさそうでした。

ワニの頭蓋骨は、成長するにつれ長さや幅も含めた全体が大きくなっていきますが、成長の限界点に近づくと、頭長の伸びは徐々に止まり、厚みや幅が増していきます。

一般的にワニが大きくなると、まるで怪獣のようなゴツゴツとしたいかめしい顔になってくるのは、骨の厚みや幅が増していくためです。

大型個体の場合は、たとえ頭長が同じでも、その幅に数センチでも違いがあれば、ワニ全体の大きさはかなり違ってくる可能性があります。

残念ながらこの頭蓋骨も詳細はわからないとのことで、友人や博物館の面々と計測や撮影を続けました。

その時、私は少しふざけて、そばにいた友人に写真を撮ってもらおうと思い、床に置かれたワニの頭蓋骨に自分の頭を突っこむようして顔を近づけました。ふと、目の前にある下あごの骨に目をやると、そこになんとも細い小さい文字で「5/4/1887」と書かれてあるのを見つけたのです。

この時代にシンガポールを統治していたイギリス式の日付の書き方で、「１８８７年

長らくシンガポール国立大学内の自然史博物館の収蔵庫で眠っていた巨大ワニの頭蓋骨。調査により、1887年にインドネシアのジャワ島にいた全長約6.7メートルのイリエワニのものであるらしいことがわかった。

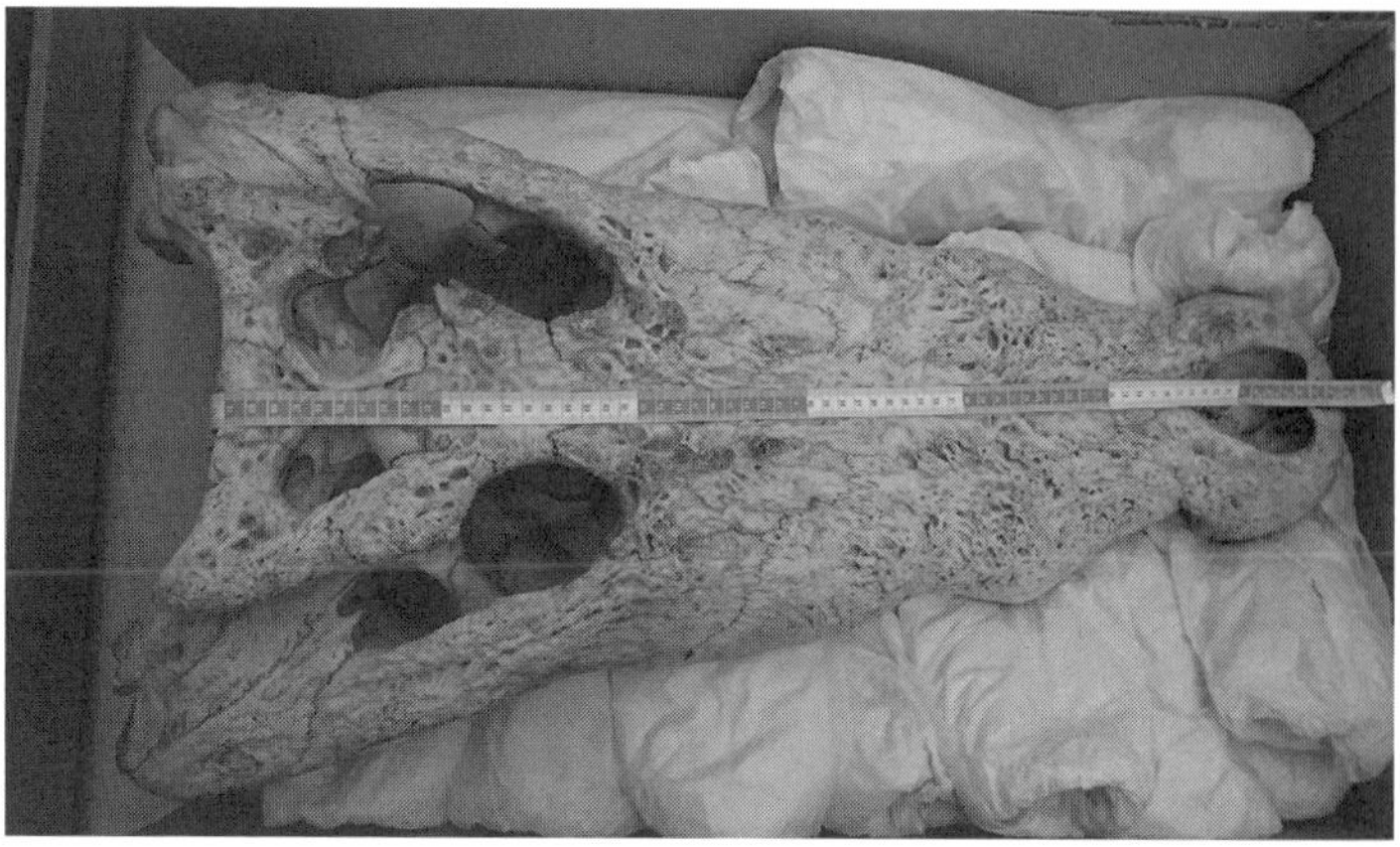

同じ博物館の倉庫にあった上あごだけの頭蓋骨。詳細は一切不明だったが、その大きさ（頭長70.6センチ）から全長は6メートル前後あったと思われる。

4月5日」を意味します。博物館の人たちも今まで気がつかなかった、と一同驚きの声を上げて集まってきました。

すると、収蔵品の責任者が100年以上前の1908年に書かれたという博物館の収蔵品の目録をひっぱり出してきました。そこにはなんと、「1887年に長さ20+1/2インチ（約70センチ）のイリエワニの頭蓋骨がG・エドガーという人物によって博物館に寄贈された」、と書いてありました。

続けて、このワニは全長22フィートで、おそらくはジャワ島より持ち込まれたとも書いてあります。当時の22フィートを換算すると、約6・7メートルです。頭蓋骨幅が示したとおり、やはりこのワニはロロンよりずっと大きかったことが推測されます。

1887年というと日本では明治20年にあたります。そんな昔に、おそらくイギリス人のエドガー氏によって、はるばる船でインドネシアのジャワ島からシンガポールまでこの頭蓋骨が持ち込まれたと思うと歴史のロマンを感じずにはいられません。

もしこのワニが本当に6・7メートルであったなら、体重は1・4トンを超えていたことでしょう。今から130年以上もの昔に、そんな巨大なワニを船で腐らせずに運ぶことはほぼ不可能なので、おそらくはワニの全長だけ測った上で、頭だけをわざわざ切り離して持ち帰ってきたのではないかと思われます。

後日、私たちはこれらの発見をこの博物館が発行する学術誌で発表しました。

現在、この6・7メートルと思われるワニの頭蓋骨は博物館の常設展示で見ることができます。最後まで詳細がわからなかった上あごだけの骨は、今でも博物館の倉庫に保管されています。

世界でもめずらしい6メートル級のワニの頭蓋骨が、同時に2つも意外な場所から発見されるという、私にとっても忘れがたい良い思い出となっています。

Column 2 世界の巨大ワニランキング

全長と頭蓋骨のサイズ別に、大きさのランキングを発表。
大型種のイリエワニがほぼ順位を独占する結果に!

世界の巨大ワニ全長ランキング

	大きさ(全長、頭)	種類	発見場所
第1位	全長6.7m、頭蓋骨長さ72.8cm、幅45.8cm	イリエワニ	オーストラリアのノーザンテリトリーで記録(1960年代)
	ダーウィン近郊のマリー川の河口付近に仕かけられた漁の網に絡まって溺死していたのを発見された。持ち帰られた頭蓋骨は個人所有となっており、現在でもマリー川のそばにある酒場兼雑貨屋のショウウィンドウに飾られている。		
同率1位	推定全長6.7m、頭蓋骨長さ70.1cm、幅52cm	イリエワニ	シンガポール自然史博物館(発見場所) P.188
第2位	全長6.2m、頭長72cm	イリエワニ	パプアニューギニアのフライ川
第3位	全長6.17m、頭長70cm	イリエワニ(ロロン)	フィリピンのミンダナオ島で捕らえられた。
第4位	全長6.15m、頭長66.6cm	イリエワニ	ダーウィン近郊のマリー川(1970年代)
	違法に仕かけられた魚の網に引っかかって死んでいたのを発見される。頭蓋骨は「オールド・チャーリー」と名付けられ、ダーウィン市内のワニ園で見学可能。首を切り離すときに付いたという生々しい斧の跡が頭蓋骨に残っている。 口絵写真⑪		
第5位	全長6.04m、頭長68cm	イリエワニ	インドのオリッサ州の国立公園内で撃たれる(2005年)

オーストラリア含め多くの国で体長８メートルとかそれ以上の大きさのワニの話を耳にすることがあるが、これらはほぼすべてが信用に足らないうわさ話の類。いまだかつて７メートルの個体ですら正式に記録されたことはない(ただし、詳細不明ながら７メートルは超えていたと思われるマレーガビアルの頭蓋骨は現存。次ページ参照)。

世界の巨大ワニ　頭蓋骨サイズランキング

	頭蓋骨の大きさ	種類	発見場所
第1位	長さ84cm	マレーガビアル	不明
	大英自然史博物館に収蔵。マレーガビアルの頭長と全長の比率に関する十分なデータがないため、正確な全長の推測はむずかしいが、イリエワニなど、ほかのクロコダイル種に比べて口吻が少し長い可能性を考慮しても、この個体は7mを超えていたのではないかと推測されている。		
第2位	長さ76cm	イリエワニ	カンボジアで撃たれたとされる（1800年代）
	頭蓋骨幅は48cmとほかの6m個体と大差はないが、長さを考慮すると全長は7mに近かったのではないかと推測できる。このワニを撃ったのはこの時代に統治していたフランス人だったようで、この頭蓋骨は現在パリの博物館に収蔵されているとのこと。		
第3位	長さ74cm	イリエワニ	不明
	ロシアのレニングラードにある動物学の研究機関に収蔵。頭蓋骨幅が報告されていないが、全長7m近い超大型であったと推測される。		
第4位	長さ73.3cm	イリエワニ	インドのオリッサ州
	全長記録が7mあったという情報もあるが、実測された数値かわかっていないため正式な記録としては認められていない。		
第5位	長さ73cm、幅39cm	イリエワニ	インド国内
	インドのカルカッタにある博物館に収蔵。インドにはこれ以外にも詳細不明の長さ71cm頭蓋骨があるとのこと。		
第6位	長さ72.8cm、幅45.8cm	イリエワニ	オーストラリアのノーザンテリトリーで記録（1960年代）
	巨大ワニ全長ランキング（前ページ）1位と同じ個体。		
第7位	長さ72cm	イリエワニ	パプアニューギニアのフライ川
	巨大ワニ全長ランキング（前ページ）2位と同じ個体。		
第8位	長さ71.1cm、幅47.8cm	イリエワニ	インドのベンガル地方（バングラディシュとの国境付近）
	ロンドンの大英自然史博物館に収蔵。全長は不明ながら、頭蓋骨の大きさから6mを優に超えていたと思われる。		
第9位	長さ71cm、幅35cm	イリエワニ	マレーシアのサラワク州で撃たれる（1930年代以前）
	長さは申し分ないが頭蓋骨幅を考慮すると、全長が6mを超えていたかは判断のむずかしいところ。		
第10位	長さ70.7cm、幅42cm	イリエワニ	南ベトナムの100年以上前の地層から発見される（2010年）
	頭蓋骨の大きさからして、全長は確実に6mを超えていたと思われる。		

残念ながら全長に関する記録はないものの、世界には、残された頭蓋骨の大きさからして全長が6メートルはあったであろうと思われる例が現在まで報告されているだけでも10件ほどある。

第5章

ワニ研究の最前線

研究者からレンジャーまで…ワニを取り巻く人間模様

第5章では、ふだん私がワニの研究者としてどのような仕事をしているのか、ワニの専門家にはどのような人たちがいるのかを紹介したいと思います。
また、ワニがこれまでどのように乱獲され保護されてきたのか、
その歴史を振り返りながら、
これからの人間社会との共存のための課題を提案します。

ノーザンテリトリーという町と人、そしてワニ

私はオーストラリアのノーザンテリトリーという地域にあるダーウィンに、20年ほど住んでいます。人口13万人程度の小さな町です（2021年現在）。

今まで触れてきたとおり、イリエワニは東南アジアとオセアニアを中心に広く分布していますが、オーストラリアに一番多く生息しており、その中でももっとも多い（オーストラリア全体の7割程度）のがノーザンテリトリーです。

町のいたるところにワニのアート絵がある。

ノーザンテリトリー全体では、現在約10万頭あまりのイリエワニがいると試算されています。

とは言っても、ノーザンテリトリーは北海道の倍近く広いので、そこら中いたる所にワニがいるわけではありません。野生のワニを見るにはダーウィンの市街地から、少なくとも車で1～2時間ほど離れた川や湿地帯に行かなければなりません。

また、世界遺産にもなっているカカドゥ国立公園は、ダーウィンから車で3時間ほど離れたところにあります。カカドゥは四国ほどの広さがあり、2～3万頭のワニがいると考えられています。

行政の生物研究者

そんなノーザンテリトリーで、約10万頭

以上いる野生のワニの保護や管理をしているのが、地方自治体であるノーザンテリトリー政府です。日本でいう都道府県の行政機関にあたります。

私はそのノーザンテリトリー政府で、おもにワニの研究を中心とした業務に就いていますが、職場にはワニ以外にもイルカやジュゴン、ウミガメにヘビやオオトカゲ、さらにカエルにコウモリ、ディンゴにフクロネコなど多種多様の動植物の専門家がいます。

なぜ政府にこんなに多くの研究者がいるのかというと、政府が野生生物を保護したり、管理したりするためのさまざまな政策や条例を作る時に、その動植物の生態にのっとった正確で詳しい知識が必要だからです。

たとえば、過去にはダーウィン湾など、町の近くに現れたワニは危ないということで、レンジャーたちに捕らわれた上、何十キロも離れた遠くまで運ばれ放されていました。しかし、第3章でお伝えしたとおり、ワニは高い確率で元いた場所に戻ってきてしまうことが後の研究でわかったので、現在では人間の安全のために捕まえられたワニは、すべてワニ園や養殖場に引き取られることになっています。

また、近年おこなった衛星追跡や分子解析により、コバーグ半島のようなワニが越えられない地理的難所があることもわかってきています。そこで、人為的な遺伝子汚染を防ぐためにも、一度捕らえられたワニの放流は固く禁止されているのです。

もちろん大学や民間企業などでもさまざまな研究はおこなわれていますが、科学的根拠を必要とする政策に特化した、ピンポイントの研究や調査をしているのが政府内の研究者たちです。

野生のワニのモニタリング調査

私が担当しているワニの研究は、おもに野生個体群のモニタリング調査とそのデータ分析です。つまり、どこの川にどのくらいの大きさのワニが何頭いて、どのくらいのペースで増えたり減ったりしているのかを調べて報告する業務です。

このワニの調査は、毎年、日本の冬に相当する乾季（6～9月）におこなわれます。夜に小型ボートに乗って、河口から内陸部の上流まで、手に持った強力なライトでワニを探しながら干潮の川を何十キロメートル、ときには100キロ以上さかのぼっていきます。

一回の調査は、暗くなる日暮れ直後から開始して、だいたい夜中の2時くらいまで続きます。一晩で多ければ500頭くらいのワニを観測しますが、大きな川であれば、一回の調査に1週間以上かかることもあります。

遠い所では、先住民のアボリジニが所有する土地・アーネムランドや東西の州境の辺境など、ダーウィンから10時間以上、道なき道を四駆車でトレイラーに載せたボートをけん引しながら移動することもあります。

以前は、川沿いをテントで野営しながら調査することが多かったのですが、最近は道路も整備され、遠隔の地でも少し移動すれば宿や店ができたりしているので、だいぶ楽になりました。

ワニの調査は、昼夜の寒暖の差が激しい過酷な環境の中、大量の蚊や虫にたかられたり、ときには船が浅瀬に乗り上げ何時間も座礁したりと苦労も多いですが、北海道の2倍近い広さのノーザンテリトリーの隅々まで行って、自然の中で暮らすワニの姿がたくさん見られるのはじつに楽しいものです。

ちなみに、アフリカでナイルワニの研究をしている友人によると、川で調査をしていて怖いのはワニよりもカバだそうで、いつ船をひっくり返されるかわかったもんじゃないとこぼしていました。それを考えれば、オーストラリアにはカバがいない分、まだましなのかもしれません（夜中に川を泳いでいたスイギュウに船がぶつかりそうになったことはありますが……）。

調査は二人一組でおこなう

基本的に調査は、ワニを探して観察・記録する私と、ボートを操縦する同僚のレンジャーの二人一組でおこないます。

先述したとおり、ライトに反射するワニの目（第2章）を見つけて、頭の大きさからワニの全長を正確に推測（第3章）できるようになるには、ワニを見慣れている人でもかなりの訓練が必要です。私も最初の5年ほどは元上司やベテランのレンジャーたちにつきっきりで教わりながら経験を積みました。

また、暗闇の中でワニにギリギリの距離まで近づくために、特別に改造されたボートを操縦するのにも相当の技術と経験が必要です。

船の操縦を担当してくれるのは、ふだんはダーウィン湾でワニの捕獲や駆除をしているレンジャーたちで、船やワニの扱いに長けています。

特に先住民アボリジニの血を引く地元育ちのレンジャーはまだ若いにもかかわらず、幼いころから川や自然に慣れ親しんでいるので、エンジンの故障や座礁した時など不測の事態が起きても、慌てたりパニックになったりせず、冷静に対処してくれるのでとても頼りになります。

このワニの調査の方法は、調査が始まった50年近く前から変わっていないので、過去、半世紀の間に先人たちがおこなってきた調査結果と直接比べることができます。これによってそれぞれの川の個体数や体の大きさの変化の動向を知ることができるのです。

調査中に船が浅瀬に乗り上げてしまった場合、ワニのいる所では満潮で水位が上がるまで待つしかないが、安全な所ではロープで船を引っぱったり押したりして脱出することもある。（Jang Namchul 氏撮影）

これらの調査結果はレポートにまとめられ、ノーザンテリトリー政府だけでなく、首都キャンベラの連邦政府にも毎年報告され、関連政策の策定に使われます。

また、50年間にもわたるモニタリングのデータは世界でも類を見ない貴重なワニの生態データとして、これまで多くの研究に利用され、学会や学術誌で論文となって発表されてきました。

この長年続く調査を10年ほど前から私が受け継いでやっているわけですが、ある年、調査のため僻地のとある川を訪れた時に、近くの村に住むアボリジニのおじさんがおもしろいことを教えてくれました。

40年近く前、その人がまだ子どもだったころに、若き日の私の師匠（現在70代）がダーウィンの町からやってきて、今の私と同じようにワニの調査をしていたが、途中でボートが川に沈んでしまったそうです。村人あげての大騒ぎになったが、乱獲の影響で当時はまだワニが少なかったので、彼らはなんと自力でマングローブの岸まで泳いで事なきを得たというのです。

私はこの話を本人から聞いたことがなかったので、この調査の歴史の長さに思いをはせるとともに、今ではワニ研究の権威となっている我が師匠も若きころは現地でそんな苦労もあったのだなあ、と興味深く思ったものです。

話がそれましたが、私は業務の一環として、この個体群モニタリング以外にも、先述した衛星を使った追跡調査や遺伝子の解析、ワニによる人身事故のデータ収集と分析、ワニの骨からの年齢判別などの研究も同時進行でおこなっています。ほとんどの場合は、共著者たちと論文として発表するまでにそれぞれ数年はかかってしまいます。

休日にも観察に行くほどワニが好き

乾季はワニの野外観察と撮影の絶好のシーズンでもあるので、この時期は、仕事を離れた週末にもダーウィン近郊の川でプライベートの船を出しています。時には数日間休みを取って、友人たちとカカドゥ国立公園など、少し遠くまで足を延ばしてキャンプすることもあります。

昼間の撮影は、夜間の調査中には見られないワニの姿を記録できるのでとても貴重です。また、論文や本などの文献や人の話から得た知識だけでなく、実際に自分の目で観察して気づくこともたくさんあります。

そんな休日の観察で気づいたことのひとつにイリエワニとジョンストンワニの棲み分けがあります。川の上流域を好むジョンストンワニと下流域を好むイリエワニの両方が見られる数少ない場所では、ジョンストンワニは大型のイリエワニを避けて岸の高い所までのぼって日光浴する一方、イリエワニが大きくない個体の場合は、近寄られてもさほど気にすることなく昼寝しているのです。

本書に載せた写真や私がふだんツイッターなどに上げている写真は、こういった野外観察中に撮ったものがほとんどです。ちなみに雨季は連日の雨による川の氾濫で船が出せないので、おもにオフィスでデータの分析や論文の執筆などをしています。

週末のワニの観察はワニにも自分にも安全が保てるよう十分な大きさの船の上からおこなう。近づきすぎると逃げられてしまうため、撮影には望遠レンズを使っている。

本来イリエワニを怖がって避けるジョンストンワニ（写真左）も、自分より小さい個体（写真右）だと近くにいてもあまり気にしない。

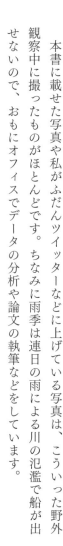

すべての種を知る研究者は、意外に少ない

意外に思われるかもしれませんが、どんなに長年研究している人でも、ワニ全種についてとても詳しく、豊富な経験もあるという人はじつはあまりいません。その理由は簡単で、アメリカ大陸にアジア・オセアニア諸国にアフリカ大陸まで……ワニは文字どおり世界中にさまざまな種がいるからです。

ワニは種によって、その形態から生態まで全然違うということもしばしばです。そんな現生ワニ類25種を自分の足で訪ね歩いて、現地で研究しようとすれば、おそらく基礎的なことを修めるだけで数十年、さらに誰も知らないような新たな知見を得ようとするならば一生かかっても終わらないでしょう。

野生個体を対象としない分野であれば、飼育個体を利用して短期間で複数の種を網羅することはできますが、野生の生態などを調べる研究分野では、各国にそれぞれの種の専門家がいます。ほとんどの場合は、その種が生息する国の人が研究しているか、私のように海外からその国に移住してきて研究しています。オーストラリアに住むワニの研

究者は、私が知っているだけでもアメリカ、イギリス、ニュージーランド、インド、スリランカ、コロンビアとじつに多彩です。

人によっては、いくつかの種を同時に研究することもあります。ですが、ほとんどの場合、中南米の研究者が中南米にしかいないアリゲーター科のカイマン数種を研究しているとか、私のようにオーストラリアに住む研究者がイリエワニのほかにオーストラリアの固有種であるジョンストンワニも一緒に研究しているとか、同じ国か地域にいる関連種に限られるのが一般的です。

ほぼすべての研究者は、資金も時間も限られているので、地球上の全然違う場所で、関係のない種をいくつも研究のテーマに選ぶ人はあまりいません。

野外や実験室内を問わず、多くの種を巻き込んだ研究をやりたい場合は、各国、各種の専門家に声をかけ、チームを作って共同研究プロジェクトとすることがほとんどです。そのほうが各国の現地政府からの研究や調査の許可がおりやすいという実情もあります。

ワニと働く人々

ワニと働く人々について、もう少し紹介します。

どの動物でも同じですが、研究とひとくちに言っても、その内容は多岐にわたります。

自分の専門とする種については、ある程度のことは幅広く知っていても、すべての分野に精通しているという人はそうそういないものです。

私はワニの個体群生態学を専門とする研究者ですが、どちらかといえば、野生動物管理学（ワイルドライフ・マネジメント）や狩猟学の側面が強い分野です。過去の乱獲による絶滅危機から、法的保護を経ての個体数の回復、商業利用のための卵の採集や人の安全のためにおこなわれているワニの駆除の影響を監視したりします。

ほかにも、ワニの進化や分類に焦点を当てたものから、体の構造やしくみを調べる形態学や解剖生理学、さらに、ワニとヒトのかかわりを調べる文化社会学や民俗学的なものまで、じつにさまざまな分野があります。

オーストラリアでは、先住民のアボリジニの伝統的視点から見た、ワニを含む野生生物に対する考え方や取り組み方に焦点を当てた論文も数多く発表されています。

私の職場では、自分のような研究者以外にもさまざまな人たちがワニに関わって働いています。

本書でも数多く登場したレンジャーは、国立公園や自然保護区でさまざまな業務にあたっているパーク・レンジャー以外に、市街地の近くで人畜に危険ありとみなされたワニの捕獲や駆除だけを専門的におこなうワイルドライフ・レンジャーもいます。

また、ワニによる人身事故が起きないように、学校や国立公園内のインフォメーションセンターなどの公共施設で、安全教育や啓もう活動を専門におこなう職員たちもいます。

政府外でも、養殖のために政府からの許可を受けて野生のワニの卵の採集を専門とする人々や、ワニ園や養殖場で働く飼育員や従業員、さらには野生のワニがいる保護区や私有地に許可を取って観光船を浮かべ、国内外からの観光客を案内するツアーガイドなど……ワニに関わる職業は多岐にわたります。どの分野や業界で働くかによって、その仕事内容は千差万別です。

ワニ専門家グループ

ワニの研究者は、世界中に何百人といるわけですが、その多くは国際自然保護連合(International Union for Conservation of Nature、頭文字をとってＩＵＣＮとして知られる)内の「ワニ専門家グループ(Crocodile Specialist Group)」に属しています。

このワニ専門家グループは、その名のとおり、世界70か国、会員約７００名からなるワニの専門家の集まりで、国際自然保護連合によるレッドリスト(絶滅のおそれのある野生動植物の指定)の作成にたずさわっています。

このレッドリストは、野生動物の密輸摘発のニュースなどでよく耳にする「ワシントンン条約」の土台となって、野生生物の国際取引を規制しています。

ワニ専門家グループはほかにも、現生ワニ各種の保全状況、人間社会とのあつれきの防除、天然資源としての持続的な利用などに関する調査研究を実施し、各国政府機関や自然保護団体にも科学的な助言をしています。

世界でおこなわれるワニ学会

ワニ専門家グループはワニ専門の学会としての顔も持ち、ワニのいる地域（中南米、東南アジア、オセアニア、南アジア、アフリカ等）を中心に持ち回りで大会を主催しています。

大会は1週間にわたって開催され、毎回30か国以上から300人以上の参加者によって、多岐にわたる分野の研究発表や、さまざまなテーマについての議論やワークショップがおこなわれます。大会ごとにその国や地域に棲むワニに重点が置かれ、現地政府へのワニの保全や研究活動の支援などについての提言や働きかけが積極的におこなわれるのも特徴です。

私もスケジュールの許す限り参加するようにしていますが、参加するたびに世界中の国々からさまざまな種のワニを研究している人たちと知り合え、情報や意見を交換したりと、とても有意義な時間を過ごしています。

ほかにも、世界各地でのワニの研究活動や出来事を載せたニュースレターが年に4回発行されていて、こちらはワニ専門家グループのホームページ（http://www.iucncsg.org/）から誰でも無料で閲覧することができます。

乱獲の悲しい過去と奇跡的な回復

世界中で保護され、研究されているワニですが、多くの現生ワニ種が「絶滅危惧種」に指定されていています。その理由は、どの種もほぼ例外なく、人間によって乱獲《らんかく》された過去があるからです。

古来より人間はワニを狩猟していたといわれますが、特にワニ革の売買による商業利益を目的とした乱獲は、種全体の生存が不可能なペースで狩られ続けました。

幸いどの種もワシントン条約などの国際的保護により、絶滅は避けられましたが、特定の国や地域から野生個体が完全に姿を消してしまった例は世界中に多くあります。野生個体がわずかに残った所では生息地や生息数の回復が図られていますが、保護の効果や回復の度合いは国や種によりまちまちなのが実情です。

そんな中でも、史上まれに見る苛烈《かれつ》な乱獲にさらされ絶滅の危機に瀕するも、手厚い法的保護の結果、奇跡的な回復を遂げたのがノーザンテリトリーのイリエワニなのです。その例を見てみましょう。

オーストラリアにおいては、イリエワニの狩猟は1970年代に禁止されるまで法的規制が一切なく、実質的な乱獲状態でした。特に第二次世界大戦後の1945年以降に商業的狩猟が急増し、1960年代末には数年以内の絶滅が危惧《きぐ》されるほどだったといわれています。

ノーザンテリトリーでは、乱獲前には12万頭はいたイリエワニが、1971年に狩猟禁止となるころには、わずか4000頭前後にまで減っていたと考えられています。つまり25年間の乱獲でかつての生息数の97パーセントが姿を消してしまったわけです。

オーストラリア全体では、この戦後の乱獲期で計30万枚のワニ革が取引されたという資料が残っています。生息数が一番多かった乱獲前でも12万頭前後しかいなかったはずなので、新たに繁殖で増えた個体も容赦なく狩られ続けたことを示す、強烈な数字です。

奇跡的な生息数の回復

オーストラリア全土でワニの狩猟が禁止された後の1975年、全世界のイリエワニは絶滅のおそれのある種として、国際自然保護連合によってレッドリストに登録されました。このころに、ノーザンテリトリーで前述のワニの個体群モニタリング調査が始まったわけです。

調査開始時には、それまでの乱獲があまりに深刻だったため、ワニの生息数はそう簡単には回復しないだろうと多くの研究者たちは考えていたようです。

ところが保護開始直後から、各地の生息数は回復の兆しを見せ、その後も安定して伸びていきました。ノーザンテリトリーは元々人口が少なく、点在する町も小さいので、ワニが繁殖で必要とする広大な湿原や沼地などが手つかずのまま残っていたのが大きな要因だったのではないかと考えられています。

１９８５年には、保護開始時の10倍に当たる４万頭前後にまで回復し、１９９０年代後半には７万頭を超え、２０１５年以降は10万頭に達していると考えられています。

近年は、自然環境がまかなえるワニの限界数に近づきつつあると考えられ、生息数の伸びはかなり緩やかになっています。

乱獲の終了から半世紀が経ち、数だけで言えば、乱獲期以前にほぼ戻ったといえるのかもしれません。しかし、戻ったのはあくまで生息数だけの話で、各個体の大きさ（個体群内の全長の分布や平均全長）はいまだ回復途中です。

前章で述べたとおり、近年の調査でも全長5メートルを超す個体は見られるようになってはきましたが、６メートルに届く個体はいまだに一頭も観測されていません。現在生息しているワニの大多数は、乱獲の終了後に生まれた若い個体です。

もう数十年もしたら、かつて存在したこれらの超大型個体が再び見られるようになっているかも知れません。もしかしたら、そのころには私はもう生きていないかも知れませんが、そんな日が来ることを心から願ってやみません。

ワニにとっても、人にとってもよい未来

野生のワニの復活は、それ自体はたいへん喜ばしいことですが、各地で新たな課題も生んでいます。小型でおとなしい種ならまだしも、大型化して、人や家畜を襲うこともあるいくつかの種の復活は地元の住民に歓迎されないのです……。

かつては数多くのワニがいたと言っても、それは何十年も前、場所によっては百年以上も昔の話です。現役で働いているほとんどの人が生まれ育ったころにはすでにワニはいなかったのです。そういう人たちが、「今さら見たこともない、危険なワニに戻ってこられても困る……」と言うのはある意味、しかたのない話です。

オーストラリアでは、誰かがワニに襲われたなどのニュースが流れるたびに、「自分たちが子どもだったころには安心して外で遊べたのに、今ではワニがいるせいで自分たちの子どもや孫が海や川で遊べないなんてかわいそうだ」という怒りの声や「ワニは増えすぎているので、本来のあるべきバランスに戻すために数を減らすべきだ」といった意見がマスメディアを中心にあふれます。

問題の根本は、やはり多くの人が「ワニが際限なく増え続けた結果、自分たちの生活

圏に侵入してきている」と、まるでワニを侵略的外来種のように誤解していることにあります。

もちろん事実はその逆で、現在人々の住む町が元々はワニの生息地であったこと、ワニは大きい個体も含めて今以上にたくさんいたこと、どんなに豊かな環境であっても、そこに生息できるワニの数には必ず限りがあることなどを、長年の調査によって積み上げた科学的データをもとに客観的に説明して、誤解を解いていくことが重要です。

共存への課題

ただ、いくらワニのほうが人間より先にいたと主張したところで、人間社会だけが我慢をして、不利益をこうむり続けるべきだというのもまた無理な話です。

そこでオーストラリアをはじめ多くの国では、ワニを持続利用可能な天然資源として見直して、計画的に利用していくことを模索しています。

ワニがいるだけで社会に不利益があるのならば、それを上回るような付加価値をワニに持たせて、人間社会のワニに対する許容度をどうにか高めようという苦肉の策です。

具体的に言えば、現在でも高値のつくワニ革の合法的な生産や昨今はエコツーリズムと呼ばれる自然観光業です。

ただし、これらはあくまでワニと人間のあつれきに対するいわば対症療法であって、本当の意味での共生を実現するためには、いまだ多くの問題が残っています。

当たり前のことですが、ワニが人間のために生き方を変えてくれるということはありません。ワニは明日も明後日も、機会があれば人や家畜を襲います。また、縄張りや獲物を求めてさまよう個体もいれば、繁殖期に交尾相手や産卵場所をめぐってはげしいケンカをする個体もいるでしょう。

そうやってワニはワニとしてしか生きていけない以上、私たち人間社会のほうがなんとかそれに対応し、共存の道を模索していくしかありません。

これらの問題はワニだけでなく、他の多くの野生動物にも通じる人類共通の課題でもあります。私たちの自然との共存への考え方は、時代とともに刻々と変わってきています。ワニにとっても、人にとっても、少しでも良い未来が迎えられるように努力していきたいものです。

Column 3 レッドリストの内訳

国際自然保護連合によるレッドリスト（絶滅のおそれのある野生動植物の指定）に基づく。

深刻な危機 8種	● ヨウスコウワニ ● フィリピンワニ ● シャムワニ ● キューバワニ ● インドガビアル ● オリノコワニ ● アフリカクチナガワニ（Mecistops cataphractus） ● フクスクチナガワニ（Mecistops leptorhynchus）
危急 4種	● マレーガビアル ● アメリカワニ ● ヌマワニ ● ニシアフリカコビトワニ

レッドリストでは絶滅の危険性の高さによって分類があり、「深刻な危機」は「絶滅」「野生絶滅」の次に危険度が高いカテゴリー。絶滅危惧種ではあるものの「深刻な危機」より危惧の少ないものは「危機」、次いで「危急」に分類される。現在、ワニ類で「危機」に該当する種はない。

あとがきにかえて ～どうやってワニの研究者になったのか？

私は子どものころより動物が好きでしたが、特にワニに興味があったわけではありません。東京の郊外に生まれ育ち、身近に海や山、川など豊かな自然があったわけでもありません。それでも私が子どものころにはまだ近所に林や池がたくさんあって、夏はクワガタやカナブンを探したり、ザリガニや小魚を釣ったりしてよく遊びました。

勉強やスポーツは嫌いで、学校にはあまりなじめなかったように思います。おとなになっても毎日友達と遊んで暮らせたらどんなにいいだろうと本気で思っていたものです。周りに流されるように入った高校もやがて行かなくなり、将来の夢も希望もなく、灰色のような毎日を過ごしていました。

16歳のある晩、何気なく部屋で見ていたテレビにオーストラリアのワニが映りました。動物を紹介するドキュメンタリー番組だったと思うのですが、そこにはワニとともに現地の専門家（その時はわかりませんでしたが、今思えばダーウィンに住むクロコダイル研究の第一人者グラハム・ウェブ先生でした）が映っていました。

画面の中で、悠然と川を泳ぐワニの美しい姿を見た時、私の頭の先からつま先まで、雷に打たれたような衝撃が走りました。自分でもなぜかわからないのですが、その瞬間に私は「ワニの研究者にならねばならない」と強く思いました。

言葉にするのも恥ずかしいのですが、自分はこのために生まれてきた、と根拠のない確信を得たのです。

ワニの研究者になるにはオーストラリアの大学に行かねばと思い至った結果、今まで苦痛でしかたなかった勉強にも精を出すようになりました。突然、将来はワニの研究者になると言い出した自分に周りの人たちはあきれていたようですが、自分自身は真剣そのものでした。

もちろん、突拍子のない、白昼夢のような子どもの思いつきがすぐに叶うわけはありません。結局、英語力の足りなかった私が、ウェブ先生のいるダーウィンの大学に晴れて入学できたころには、高校を卒業してから2年近くの歳月が経っていました。

ダーウィンの田舎町にある大学に入ってからも、すぐにワニについての勉強ができたわけではありません。ワニとは一見何の関係もなさそうな数学や化学、地理に統計、生物……と基礎的な勉強に追われる毎日でした。

オーストラリア国外からの留学生はクラスにたいてい自分一人か、多くて2～3人しかいない小さな大学で、最初の数年は先生やクラスメートの話す英語がなかなか聞き取れず苦労しました。

そして、テレビで見たあの日から5年、ついにあこがれのウェブ先生に会うことができました。優しくも威厳に満ちたその姿に後光がさして見えました（共同研究者として一緒に働く今でもときどき後光が見えます）。

その時は、緊張で声もろくに出ないありさまでしたが、休みの日を中心に、ボランティアとしてウェブ先生の研究の手伝いをさせてもらえた経験は、自分にとってかけがえのない財産になりました。

ウェブ先生以外に、自分を野生動物研究の世界に導いてくれた恩師とも言うべき先生にも出会え、大学院に進むころにようやくワニの研究を始めることができました。このころノーザンテリトリー政府がおこなう、ワニのモニタリング調査にもボランティアとして参加させてもらいました。

野生に暮らすイリエワニの大型個体を初めて近くで見た時は、その言葉にならない静かな迫力と想像以上の美しさに心が震えました。

卒業後は運よく、州政府の研究機関に就職することができたものの、そこは環境や天然資源の保護管理を扱う部署で、最初の2年ほどはワニとあまり関係のない仕事をしていました（週末や夜にワニについての独自の研究は続けていましたが……）。

そしてようやく27歳になったころ、野生生物の保護管理をする部署でワニの研究員として契約をもらいました。人生で初めてうれしくて泣きました。がんばってきてよかった、もういつ死んでもいいと涙ながらに思ったのを今でも覚えています。

100年経った世界でもワニが生きていけるように

望み続けたワニの研究員になれた喜びもつかの間、そこでワニをはじめ野生動物が直面するきびしい現実を目の当たりにしました。

日本にいたころテレビで見たあこがれの野生のワニは、人や家畜を襲う危険な害獣として多くの人から嫌がられ、大規模な駆除や娯楽目的の狩猟の再開まで求められている始末……。

それからは、野生のワニをどうにかして守りたいという一心で、ウェブ先生やほかの素晴らしき研究者の面々と研究に明け暮れているうちに5年、10年、15年とあっという間に過ぎてしまいました。

なぜこんなにもワニに惹かれるのか、自分でも正直よくわかりません。しかし、なぜ研究をするのかについては「野生のワニを守るため」の一言に尽きます。自分たちが死んだ後、50年、100年経った世界でもワニが今と変わらず自然の中で生きていけるように……。年々強くなるこの思いが今でも研究を続ける原動力になっています。

*

この本では、ワニの基本的なことからあまり知られていないことまで、私自身が学んできたことをできるだけわかりやすく紹介しました。

今までワニのことはよく知らなかったけれど、この本を読んで少しでも興味が出たという人や、元々いろいろ知ってはいたけど、この本でさらに興味や知識が深まったという人が一人でもいれば幸いです。

絶滅の危機を乗り越え、ようやく本来の姿に戻りつつあるワニと人間社会は、これからどのようにつき合っていくのか……これは決してどこか遠い異国だけの話ではありません。国や種類は違えども、社会の一角にはじつにさまざまな野生動物が暮らしています。

私たちは今までの教訓を活かして、それらの動物とどうやって共存していくのか……そんなことを少しでも考える一助になれたのであれば、著者としてこれ以上の喜びはありません。

本書を執筆するにあたって、佐々木晴香氏、Jang Namchul氏、平山量氏、飯島正也氏、青木良輔氏より多大な助力をいただきました。10代のころよりワニの研究者になりたいと言う私を笑いもせずに、支えて応援してくれたたくさんの友人や家族にもこの場を借りてお礼を申し上げます。

また、本企画を立ち上げ、私のさまざまなわがままを最後まで聞いてくれた編集部の方々にも感謝申し上げます。

福田雄介

参考文献

青木良輔．ワニと龍—恐竜になれなかった動物の話．(2001). 平凡社新書．

Austin, B., & Corey, B. (2012). Factors contributing to the longevity of the commercial use of crocodiles by Indigenous people in remote Northern Australia: a case study. The Rangeland Journal, 34, 239. https://doi.org/10.1071/RJ11082.

Bayliss, P., Webb, G. J. W., Whitehead, P., J., Dempsey, K., & Smith, A. (1986). Estimating the abundance of saltwater crocodiles, Crocodylus. porosus Schneider, in tidal wetlands of the N.T.: A mark-recapture experiment to correct spotlight counts to absolute numbers, and the calibration of helicopter and spotlight counts. Australian Wildlife Research, 13, 309–320.

Brackhane, S., Webb, G., M.E. Xavier, F., Gusmao, M., & Pechacek, P. (2018). When Conservation Becomes Dangerous: Human-Crocodile Conflict in Timor-Leste. Journal of Wildlife Management, 82(7), 1332-1344.

Brien, M. L., Gienger, C. M., Browne, C. A., Read, M. A., Joyce, M. J., & Sullivan, S. (2017). Patterns of human–crocodile conflict in Queensland: a review of historical estuarine crocodile (Crocodylus porosus) management. Wildlife Research, 44(4), 281–290.

Brien, M., Webb, G., & Lang, J., McGuinness, K., Christian, K.(2013). Born to be bad: agonistic behaviour in hatchling saltwater crocodiles (Crocodylus porosus). Behaviour, 150, 737–762.

Brien, Matthew L., Lang, J. W., Webb, G. J., Stevenson, C., & Christian, K. A. (2013). The good, the bad, and the ugly: agonistic behaviour in juvenile crocodilians. PLOS ONE, 8(12), e80872.

Brien, M.L., Read, M. A., McCallum, H. I., & Grigg, G. C. (2008). Home range and movements of radio-tracked estuarine crocodiles (Crocodylus porosus) within a non-tidal waterhole. Wildlife Research, 35(2), 140–149.

Britton, A., & Britton, E. (2013). Crocodylus porosus (Saltwater Crocodile). Fishing Behavior. Herpetological Review, 442, 312.

Britton, A., & Campbell, A. (2014). Croc attacks: a new website with bite. ECOS.

Britton, A. R. C., Whitaker, R., & Whitaker, N. (2012). Here be a dragon: exceptional size in a saltwater crocodile (Crocodylus porosus) from the Philippines. Herpetological Review, 43(4), 541–546.

Caldicott, D. G. E., Croser, D., Manolis, C., Webb, G., & Britton, A. (2005). Crocodile attack in Australia: an analysis of its incidence and review of the pathology and management of crocodilian attacks in general. Wilderness and Environmental Medicine, 16(3), 143–159.

Campbell, H. A., Dwyer, R. G., Irwin, T. R., & Franklin, C. E. (2013). Home range utilisation and long-range movement of estuarine crocodiles during the breeding and

nesting season. PLOS ONE, 8(5).
Campbell, H. A., Watts, M. E., Sullivan, S., Read, M. A., Choukroun, S., Irwin, S. R., & Franklin, C. E. (2010). Estuarine crocodiles ride surface currents to facilitate long-distance travel. Journal of Animal Ecology, 79(5), 955–964.
Campos, Z., Coutinho, M., Mourão, G., Bayliss, P., & Magnusson, W. (2006). Long distance movements by Caiman crocodilus yacare: Implications for management of the species in the Brazilian Pantanal. The Herpetological Journal, 16(2), 123–132.
Campos, Z., Mourão, G., Coutinho, M., & Magnusson, W. E. (2014). Growth of Caiman crocodilus yacare in the Brazilian Pantanal. PLOS ONE, 9(2), e89363.
Conover, M. R., & Dubow, T. J. (1997). Alligator attacks on humans in the United States. Herpetological Review, 28, 120–124.
Corey, B., Webb, G., Manolis, S., Fordham, A., Austin, B., Fukuda, Y., Nicholls, D., & Saalfeld, K. (2017). Commercial harvests of saltwater crocodile Crocodylus porosus eggs by Indigenous people in northern Australia: lessons for long-term viability and management. Oryx, 52, 1–12.
Dinets, V., Brueggen, J. C., & Brueggen, J. D. (2015). Crocodilians use tools for hunting. Ethology Ecology & Evolution, 27(1), 74–78.
Dinets, V. (2015). Apparent coordination and collaboration in cooperatively hunting crocodilians. Ethology Ecology & Evolution, 27(2), 244–250.
Domínguez-Laso, J. (2008). Relocation of crocodilians using magnets. Crocodile Specialist Group Newsletter, 27(3), 5–6.
Drumheller, S. K., Darlington, J., & Vliet, K. A. (2019). Surveying death roll behavior across Crocodylia. Ethology Ecology & Evolution, 31(4), 329–347.
Dunham, K. M., Ghiurghi, A., Cumbi, R., & Urbano, F. (2010). Human–wildlife conflict in Mozambique: a national perspective, with emphasis on wildlife attacks on humans. Oryx, 44(02), 185–193.
Elsey, R. M., & Woodward, A. R. (2010). American alligator Alligator mississippiensis. In S. C. Manolis & C. Stevenson (Eds.), Crocodiles. Status Survey and Conservation Action Plan (pp. 1–4). IUCN Crocodile Specialist Group.
Elsey, Ruth M. (2005). Unusual Offshore Occurrence of an American Alligator. Southeastern Naturalist, 4(3), 533–536.
Erickson, G. M., Gignac, P. M., Steppan, S. J., Lappin, A. K., Vliet, K. A., Brueggen, J. D., Inouye, B. D., Kledzik, D., & Webb, G. J. W. (2012). Insights into the Ecology and Evolutionary Success of Crocodilians Revealed through Bite-Force and Tooth Pressure Experimentation. PLOS ONE, 7(3), e31781.
Fergusson, R. (2004). Preliminary analysis of data in the African human-crocodile conflict database. Crocodile Specialist Group Newsletter, 23(4), 21.

Fergusson, R. A. (2010). Nile Crocodile Crocodylus niloticus. In Crocodiles. Status Survey and Conservation Action Plan (pp. 84–89). IUCN Crocodile Specialist Group.
Fijn, N. (2013). Living with crocodiles: engagement with a powerful reptilian being. Animal Studies Journal, 2(2), 1–27.
Fukuda, Y., & Cuff, N. (2013). Vegetation communities as nesting habitat for the saltwater crocodiles in the Northern Territory of Australia. Herpetological Conservation and Biology, 8(3), 641–651.
Fukuda, Y., Manolis, C., & Appel, K. (2014). Management of human-crocodile conflict in the Northern Territory, Australia: review of crocodile attacks and removal of problem crocodiles. Journal of Wildlife Management, 78(7), 1239–1249.
Fukuda, Y., How, C. B., Seah, B., Yang, S., Pocklington, K., & Peng, L. K. (2018). Historical, exceptionally large skulls of saltwater crocodiles discovered at the Lee Kong Chian Natural History Museum in Singapore. The Raffles Bulletin of Zoology, 4.
Fukuda, Y., & Jang, N. C. (2018). Crocodile tears: secretion of orbital fluid in a large saltwater crocodile Crocodylus porosus (Schneider, 1801). Herpetology Notes, 11, 373–374.
Fukuda, Y., Manolis, C., Saalfeld, K., & Zuur, A. (2015). Dead or Alive? Factors Affecting the Survival of Victims during Attacks by Saltwater Crocodiles (Crocodylus porosus) in Australia. PLOS ONE, 10(5), e0126778.
Fukuda, Y., Saalfeld, K., Lindner, G., & Nichols, T. (2013). Estimation of Total Length from Head Length of Saltwater Crocodiles (Crocodylus porosus) in the Northern Territory, Australia. Journal of Herpetology, 47(1), 34–40.
Fukuda, Y., Saalfeld, K., Webb, G., Manolis, C., & Risk, R. (2012). Standardised method of spotlight surveys for crocodiles in the tidal rivers of the Northern Territory, Australia. Northern Territory Naturalist, 24, 14–32.
Fukuda, Y., Webb, G., Edwards, G., Saalfeld, K., & Whitehead, P. (2020). Harvesting predators: simulation of population recovery and controlled harvest of saltwater crocodiles Crocodylus porosus. Wildlife Research, 48(3), 252–263.
Fukuda, Y., Webb, G., Manolis, C., Delaney, R., Letnic, M., Lindner, G., & Whitehead, P. (2011). Recovery of saltwater crocodiles following unregulated hunting in tidal rivers of the Northern Territory, Australia. Journal of Wildlife Management, 75(6), 1253–1266.
Fukuda, Y., Webb, G., Manolis, C., Lindner, G., & Banks, S. (2019). Translocation, genetic structure and homing ability confirm geographic barriers disrupt saltwater crocodile movement and dispersal. PLOS ONE, 14(8), e0205862.
Gopi, G. V., & Pandav, B. (2009). Humans sharing space with Crocodylus porosus in Bhitarkanika Wildlife Sanctuary: conflicts and options. Current Science, 96(4), 459–460.

Grigg, G. C., Taplin, L. E., Harlow, P., & Wright, J. (1980). Survival and growth of hatchling Crocodylus porosus in saltwater without access to fresh drinking water. Oecologia, 47(2), 264–266.

Grigg, G., & Kirshner, D. (2015). Biology and Evolution of Crocodylians. Cornell University Press.

Grigg, G. C. (1981). Plasma homeostasis and cloacal urine composition in Crocodylus porosus caught along a salinity gradient. Journal of Comparative Physiology, 144(2), 261–270.

Grigg, G. C, Seebacher, F., & Franklin, C. E. (eds.). (2001). Crocodilian biology and evolution. Surrey Beatty & Sons.

Gruen, R. L. (2009). Crocodile attacks in Australia: challenges for injury prevention and trauma care. World Journal of Surgery, 33(8), 1554–1561.

Iijima, M., & Kubo, T. (2020). Vertebrae-Based Body Length Estimation in Crocodylians and Its Implication for Sexual Maturity and the Maximum Sizes. Integrative Organismal Biology, 2.

IUCN. (n.d.). Crocodile Specialist Group. Retrieved April 21, 2021, from http://www.iucncsg.org/

Jensen, B. (2019). Commemoration of Comparative Cardiac Anatomy of the Reptilia I – IV. Journal of Morphology, 280.

Jensen, F. B., Wang, T., Jones, D. R., & Brahm, J. (1998). Carbon dioxide transport in alligator blood and its erythrocyte permeability to anions and water. The American Journal of Physiology, 274(3), R661-671.

Kar, S. (2006). Record of a large saltwater crocodile from Orissa, India. Crocodile Specialist Group Newsletter, 25(3), 27.

Kar, S. K., & Bustard, H. R. (1983). Saltwater crocodile attacks on man. Biological Conservation, 25(4), 377–382.

Khan, W., Hore, U., Mukherjee, S., & Mallapur, G. (2020). Human-crocodile conflict and attitude of local communities toward crocodile conservation in Bhitarkanika Wildlife Sanctuary, Odisha, India. Marine Policy, 104135.

Knight, K. (2015). Slumbering crocs keep an eye out for threats. Journal of Experimental Biology, 218(20), 3163.

Lance, V. A., Elsey, R. M., Trosclair, P. L., & Nunez, L. A. (2011). Long-distance Movement by American Alligators in Southwest Louisiana. Southeastern Naturalist, 10(3), 389–398. JSTOR.

Langley, R. L. (2005). Alligator Attacks on Humans in the United States. Wilderness and Environmental Medicine, 16(3), 119–124.

Langley, R. L. (2010). Adverse encounters with alligators in the United States: an

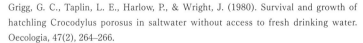

update. Wilderness and Environmental Medicine, 21(2), 156–163.
Lanhupuy, W. (1987). Australian aboriginal attitude to crocodile management. In G. J. W. Webb, S. C. Manolis, & P. J. Whitehead (Eds.), Wildlife Management: Crocodiles and Alligators (pp. 145–147). Surrey Beatty & Sons, Sydney, the Conservation Commission of the Northern Territory.
Leitch, D. B., & Catania, K. C. (2012). Structure, innervation and response properties of integumentary sensory organs in crocodilians. Journal of Experimental Biology, 215(23), 4217–4230.
Lewis, J. L., FitzSimmons, N. N., Jamerlan, M. L., Buchan, J. C., & Grigg, G. C. (2013). Mating Systems and Multiple Paternity in the Estuarine Crocodile (Crocodylus porosus). Journal of Herpetology, 47(1), 24–33.
Manolis, C. (2006). Record of a large saltwater crocodile from the Northern Territory, Australia. Crocodile Specialist Group Newsletter, 25(3), 27–28.
Mekisic, A. P., & Wardill, J. R. (1992). Crocodile attacks in the Northern Territory of Australia. Medical Journal of Australia, 157, 751–754.
Merchant, M., Pallansch, M., Paulman, R., Wells, J., Nalca, A., & Ptak, R. (2005). Antiviral activity of serum from the American alligator. Antiviral Research, 66, 35–38.
Merchant, M., Roche, C., Elsey, R., & Prudhomme, J. (2003). Antibacterial activity of the serum of the American alligator (Alligator mississippiensis). Comparative Biochemistry and Physiology. Part B, Biochemistry & Molecular Biology, 136, 505–513.
Merchant, M., Roche, C., Thibodeaux, D., & Elsey, R. (2005). Identification of serum complement activity in the American alligator (Alligator mississippiensis). Comparative Biochemistry and Physiology. Part B, Biochemistry & Molecular Biology, 141, 281–288.
Messel, H., Vorlicek, G. V., Wells, G. A., & Green, W. J. (1981). Monograph 1. Surveys of the tidal systems in the Northern Territory of Australia and their crocodile populations. The Blyth-Cadell River systems study and the status of Crocodylus porosus in the tidal waterways of northern Australia. Pergamon Press.
Nagloo, N., Collin, S. P., Hemmi, J. M., & Hart, N. S. (2016). Spatial resolving power and spectral sensitivity of the saltwater crocodile, Crocodylus porosus, and the freshwater crocodile, Crocodylus johnstoni. Journal of Experimental Biology, 219(9), 1394–1404.
Pacheco–Sierra, G., Gompert, Z., Domínguez–Laso, J., & Vázquez–Domínguez, E. (2016). Genetic and morphological evidence of a geographically widespread hybrid zone between two crocodile species, Crocodylus acutus and Crocodylus moreletii. Molecular Ecology, 25(14), 3484–3498.
Platt, S. G., Elsey, R. M., Liu, H., Rainwater, T. R., Nifong, J. C., Rosenblatt, A. E., Heithaus, M. R., & Mazzotti, F. J. (2013). Frugivory and seed dispersal by crocodilians:

an overlooked form of saurochory? Journal of Zoology, 291(2), 87–99.
Platt, S., Thorbjarnarson, J., Rainwater, T., & Martin, D. (2013). Diet of the American Crocodile (Crocodylus acutus) in Marine Environments of Coastal Belize. Journal of Herpetology, 47, 1–10.
Read, M. A., Grigg, G. C., Irwin, S. R., Shanahan, D., & Franklin, C. E. (2007). Satellite tracking reveals long distance coastal travel and homing by translocated estuarine crocodiles, Crocodylus porosus. PLOS ONE, 2(9), e949.
Rodda, G. H. (1984). Homeward paths of displaced juvenile alligators as determined by radiotelemetry. Behavioral Ecology and Sociobiology, 14(4), 241–246.
Ryan, C., & Harvey, K. (2010). Who Likes Saltwater Crocodiles? Analysing Socio-demographics of Those Viewing Tourist Wildlife Attractions Based on Saltwater Crocodiles. Journal of Sustainable Tourism, 8(5), 426–433.
Scott, R., & Scott, H. (1994). Crocodile bites and traditional beliefs in Korogwe District, Tanzania. BMJ : British Medical Journal, 309(6970), 1691–1692.
Sideleau, B., & Britton, A. R. C. (2012). A preliminary analysis of worldwide crocodilian attacks. Crocodiles. Proceedings of the 21st Working Meeting of the IUCN-SSC Crocodile Specialist Group, 111–114.
Sideleau, B. M., Edyvane, K. S., & Britton, A. R. C. (2016). An analysis of recent saltwater crocodile (Crocodylus porosus) attacks in Timor-Leste and consequences for management and conservation. Marine and Freshwater Research, 68(5), 801–809.
Sideleau, Brandon. (2016). Summary of Worldwide Crocodilian Attacks for 2015. Crocodiles. Proceedings of the 23rd Working Meeting of the IUCN-SSC Crocodile Specialist Group, 4–6.
Silveira, R., Campos, Z., Thorbjarnarson, J., & Magnusson, W. E. (2013). Growth rates of black caiman (Melanosuchus niger) and spectacled caiman (Caiman crocodilus) from two different Amazonian flooded habitats. Amphibia-Reptilia, 34(4), 437–449.
Somaweera, R., Brien, M., & Shine, R. (2013). The Role of Predation in Shaping Crocodilian Natural History. Herpetological Monographs, 27, 23–51.
Somaweera, R., & Shine, R. (2012). Australian Freshwater Crocodiles (Crocodylus johnstoni) Transport Their Hatchlings to the Water. Journal of Herpetology, 46(3), 407–411.
Steubing, R. (1983). Sarawak's killer crocodiles. Malayan Naturalist, 37, 17–23.
Taplin, L. E., & Grigg, G. C. (1981). Salt Glands in the Tongue of the Estuarine Crocodile Crocodylus porosus. Science, 212(4498), 1045–1047.
Thorbjarnarson, J., Wang, X., Ming, S., He, L., Ding, Y., Wu, Y., & McMurry, S. T. (2002). Wild Populations of the Chinese alligator approach extinction. Biological Conservation, 103(1), 93–102.

Thorbjarnarson, J., & Xiaoming, W. (1999). The conservation status of the Chinese alligator. Oryx, 33(2), 152–159.
Van der Ploeg, J., Ratu, F., Viravira, J., Brien, M., Wood, C., Zama, M., Gomese, C., & Hurutarau, J. (2019). Human-crocodile conflict in Solomon Islands [Report]. WorldFish.
Van Weerd, M. (2010). Philippine Crocodile Crocodylus mindorensis. In S. C. Manolis & C. Stevenson (Eds.), Crocodiles . Status Survey and Conservation Action Plan. (Third Edition, pp. 71–78). Crocodile Specialist Group.
Walsh, B., & Whitehead, P. (1993). Problem crocodiles, Crocodylus porosus, at Nhulunbuy, Northern Territory: an assessment of relocation as a management strategy. Wildlife Research, 20(1), 127–135.
Wamisho, B. L., Bates, J., Tompkins, M., Islam, R., Nyamulani, N., Ngulube, C., & Mkandawire, N. (2009). Ward round - crocodile bites in Malawi: microbiology and surgical management. Malawi Medical Journal, 21(1), 29–31.
Webb, G. J. W. (1991). The influence of season on Australian crocodiles. In M. G. Ridpath, C. D. Haynes, & M. J. Williams (Eds.), Monsoonal Australia - Landscape, Ecology and Man in the Northern Lowlands (pp. 125–131).
Webb, G. J. W., & Manolis, M., S. (2010). Australian freshwater crocodile Crocodylus johnstoni. In S. C. Manolis & C. Stevenson (Eds.), Crocodiles . Status Survey and Conservation Action Plan (Third Edition, pp. 66–70). IUCN Crocodile Specialist Group. http://www.iucncsg.org/365_docs/attachments/protarea/12_C-220610f7.pdf
Webb, G. J. W., & Manolis, S. C. (1993). Conserving Australia's crocodiles through commercial incentives. In L. Lunney & D. Ayers (Eds.), Herpetology in Australia, A Diverse Discipline (Third Edition, pp. 250–256). Surrey Beatty & Sons.
Webb, G. J. W., Manolis, S. C., & Brien, M. L. (2010). Saltwater Crocodile Crocodylus porosus. In S. C. Manolis & C. Stevenson (Eds.), Crocodiles . Status Survey and Conservation Action Plan (Third Edition, pp. 99–113). Crocodile Specialist Group.
Webb, G. J. W., Manolis, S. C., Buckworth, R., & Sack, G. C. (1983). An Examination of Crocodylus porosus nests in two northern Australian freshwater swamps, with an analysis of embryo mortality. Wildlife Research, 10(3), 571–605.
Webb, G. J. W., & Messel, H. (1978). Morphometric analysis of Crocodylus porosus from the north coast of Arnhem Land, northern Australia. Australian Journal of Zoology, 26(1), 1–27.
Webb, G. J. W., Messel, H., Crawford, J., & Yerbury, M. J. (1978). Growth rates of Crocodylus porosus (Reptilia: Crocodilia) From Arnhem Land, northern Australia. Wildlife Research, 5(3), 385–399.
Webb, G., Manolis, S., Whitehead, P., & Letts, G. (1984). A Proposal for the Transfer of

the Australian Population of Crocodylus porosus Schneider (1801), from Appendix I to Appendix II of C.I.T.E.S. Conservation Commission of the Northern Territory.
Webb, G. J. W., Messel, H., Crawford, J., & Yerbury, M. (1978). Growth Rates of Crocodylus Porosus (Reptilia: Crocodilia) From Arnhem Land, Northern Australia. Wildlife Research, 5(3), 385–399.
Webb, Grahame, & Manolis, S. C. (1989). Crocodiles of Australia. Reed Books.
Whitaker, R., & Whitaker, N. (2008). Who's got the biggest? Crocodile Specialist Group Newsletter, 27(4), 26–30.
Wilkinson, P. M., Rainwater, T. R., Woodward, A. R., Leone, E. H., & Carter, C. (2016). Determinate Growth and Reproductive Lifespan in the American Alligator (Alligator mississippiensis): Evidence from Long-term Recaptures. Copeia, 104(4), 843–852.
Wilkinson, P. M., & Rhodes, W. E. (1997). Growth Rates of American Alligators in Coastal South Carolina. The Journal of Wildlife Management, 61(2), 397–402.
Woolard, J. W., Engeman, R. M., Smith, H. T., & Nelson, M. (2004). Crocodylia - Alligator missippiensis (American alligator). Homing and site fidelity. Herpetological Review, 35(2), 164.
Ziegler, T., Nguyen, T., Nguyen, T., Manalo, R., Diesmos, A., & Manolis, C. (2019). A giant crocodile skull from Cần Thơ, named "Dau Sau", represents the largest known saltwater crocodile (Crocodylus porosus) ever reported from Vietnam. TAP CHI SINH HOC, 41.

著者紹介

福田雄介　1980年生まれ。ワニ研究者。オーストラリア・ノーザンテリトリー在住。オーストラリアのチャールズ・ダーウィン大学を卒業後、環境研究職員としてノーザンテリトリー政府に就職。現在は博士課程社会人学生として、オーストラリア国立大学に籍を置く傍ら、ノーザンテリトリー政府でワニ専門の野生動物研究職員として研究を続けている。国際自然保護連合(IUCN)ワニ専門家グループ(CSG)会員。世界でたった一人、人食いワニ専門の日本人研究者として、本書ではワニの魅力をギュギュッとまとめた。

Twitter：@GingaCrocodylus/

もしも人食《ひとく》いワニに噛《か》まれたら！

2021年7月11日　第1刷

著　　者　福田《ふくだ》雄介《ゆうすけ》
発 行 者　小澤源太郎

責任編集　株式会社 プライム涌光
電話　編集部　03(3203)2850

発 行 所　株式会社 青春出版社
東京都新宿区若松町12番1号 〒162-0056
振替番号　00190-7-98602
電話　営業部　03(3207)1916

印　刷　共同印刷　　製　本　大口製本

万一、落丁、乱丁がありました節は、お取りかえします。

ISBN978-4-413-23210-4 C0040

青春出版社の四六判シリーズ

他人に気をつかいすぎて疲れる人の心理学
こんなにやっているのに、なぜ分かってくれないんだろう…
加藤諦三

たった1秒！韓国語つぶやきレッスン
使える文法とフレーズの基本が面白いほど身につく
たろん

回想脳 脳が健康でいられる大切な習慣
瀧 靖之

ひといちばい敏感な子
「個性」を生かして幸せな未来をつくるために親ができること
エレイン・N・アーロン　明橋大二［訳］

子宮内フローラを整える習慣
「妊活スープ」で妊娠体質に変わる
古賀文敏

大人になっても思春期な女子たち
大美賀直子

人生、降りた方がいいことがいっぱいある
清水克彦

気もちの授業
つい頑張りすぎてしまうあなたへ
腰塚勇人

仕事ができる人の話し方
阿隅和美

独立から契約、保険、確定申告まで
フリーランス六法
フリーランスの働き方研究会　二森礼央・萩口義治［監修］

お願い　ページわりの関係からここでは一部の既刊本しか掲載してありません。
折り込みの出版案内もご参考にご覧ください。